MATEMATICA A QUIZ

VOL. II

200 E PIÙ QUESITI

PER POTENZIARE LE **COMPETENZE**

E PREPARARSI ALLE **PROVE INVALSI**

ANDREA MACCO

Questo testo è stato stampato con caratteri ad alta leggibilità, secondo le linee guida nazionali per gli studenti con <u>Disturbi Specifici di Apprendimento</u> (DSA).

Copyright © 2019 Blue Monkey Studio
(pubblicato tramite la linea editoriale Zenith Books)

Tutti i diritti riservati

«Non si insegna quello che si vuole;
dirò addirittura che non s'insegna quello che si sa
o quello che si crede di sapere:
si insegna e si può insegnare solo quello che si è.»

Jean Jaurès[1]

Agli amici scout[2],
quelli che mi hanno preceduto,
quelli che han fatto strada con me
e quelli che ancora stanno al mio passo.

---

[1] Filosofo, storico e uomo politico francese di inizio Novecento, assassinato per le sue posizioni pacifiste contro lo scoppio di quella che sarebbe divenuta la Prima Guerra Mondiale. Era convinto che ogni problema e ogni conflitto potesse essere risolto dalla ragione e dal coraggio: *"Il coraggio è scegliere un mestiere, farlo bene. Il coraggio è amare la vita e pensare con serenità alla morte. È camminare verso l'ideale comprendendo la realtà. Il coraggio è cercar la verità e dirla, non cedere alla menzogna, non associarsi alle urla dei fanatici. Il coraggio è non è lasciare alla forza la soluzione di conflitti che la ragione può risolvere."*

[2] In particolare, quelli del gruppo Scout d'Europa Genova I in cui sono cresciuto e dove tutt'oggi presto servizio come Capo; con questa dedica voglio però ricordare anche tante sorelle e molti fratelli di altre associazioni con cui negli anni sono nati bei rapporti di amicizia, primi tra tutti quelli della Comunità Scout di Soviore. *Da un piccolo seme, un grande albero.*

NON UNA PREFAZIONE, MA QUASI...

Osservare l'energia e la gioia dei ragazzi, assistere alla loro innata voglia di sperimentazione, al loro desiderio di crescere insieme agli altri segna molti momenti dell'essere insegnante.

Da diversi anni ormai mi faccio piacevolmente travolgere dall'entusiasmo che le gare matematiche a squadre, ideate dall'amico e collega Professor Andrea Macco, portano a scuola. Entusiasmo che si trasmette di anno in anno e che cresce ad ogni passaggio di testimone.

L'esperienza dei giochi non soltanto arricchisce il mondo dei ragazzi ma interessa anche quello degli adulti: gli insegnanti e gli educatori coinvolti possono sperimentare ed instaurare una relazione educativa nuova con i propri allievi basata sulla fiducia reciproca in un clima di classe cooperativo più che competitivo, dove i diversi saperi e le molteplici competenze (non solo matematiche!) evolvono e contagiano le diverse discipline.

Il progetto editoriale iniziale ha seguito questa evoluzione, perciò il secondo volume di Matematica a Quiz si accresce di nuovi spunti didattici e metodologici. Fondamentale a questo proposito è l'introduzione di semplici procedure di autovalutazione che permettono allo studente di oggettivare la propria esperienza.

Queste operazioni sono pensante come un continuum e vengono introdotte gradualmente in modo non invasivo ma rassicurante, valorizzando le positività e mettendo in luce le attitudini personali. Lo studente assume così sempre di più un ruolo attivo: dalla scelta degli obiettivi e delle metodologie fino alla valutazione del procedimento che continua anche dopo la soluzione del compito.

Si parla spesso della necessità di proporre ai ragazzi delle situazioni problematiche vicine al campo di realtà, attività utili nella vita di tutti i giorni: ciò sicuramente avviene nei 200 quesiti proposti in questo manuale dove gli studenti ed i loro professori sono spinti a interpretare, a ragionare e ad utilizzare le matematiche in modo significativo e intelligente.

Elisabetta Maggi

PRIMA DI INIZIARE...

MATEMATICA A QUIZ – VOL. II

**200 e più quesiti
per potenziare le Competenze,
e prepararsi alle prove INVALSI**

Le soluzioni ai quesiti di questo testo sono riportate in un manuale di accompagnamento che può essere scaricato **gratuitamente,** in formato PDF, MOBI (per Kindle Amazon) e EPUB, al sito:

www.zenithbooks.eu

sezione "Strumenti & Risorse"

o richiesto al seguente indirizzo email:

zenith@bemystudio.com

CORREZIONE E VALUTAZIONE DELLE PROVE

CORREZIONE

Le soluzioni sono disponibili per gli insegnanti che ne facciano richiesta all'editore e costituiscono non un punto di arrivo, ma un punto di partenza su cui lavorare con il singolo studente e con l'intera classe. Infatti, il confronto tra pari o, per i quesiti più difficili, la discussione in gruppi o plenaria può costituire un ottimo modo per arrivare non solo alla soluzione corretta, ma pure alla sua *piena comprensione*[3].

VALUTAZIONE

Esistono diversi modi di valutare ognuna di queste prove, ne suggeriamo in particolare tre. In tutti, per ogni domanda di ogni quesito (item) viene attribuito un punteggio pari a 1 se la risposta è corretta, 0 se errata o in bianco.

- **<u>Valutazione immediata mediante proporzione</u>:** per ogni prova è indicato il numero totale di items: questo numero è il punteggio massimo raggiungibile. Impostando la proporzione:

    punti totalizzati : punteggio massimo = x : 10

    si ricava il voto x, in decimi:

    x = punti totalizzati · 10 : punteggio massimo

---

[3] Alla stessa soluzione corretta, talvolta, si può arrivare mediante percorsi e ragionamenti differenti. La valorizzazione di procedimenti differenti dal proprio è senz'altro da incentivare e va nell'ottica dello sviluppo delle competenze.

Vantaggi: calcolo semplice e immediato; si hanno anche i voti intermedi e non solo quelli interi (con le dovute approssimazioni sul valore ottenuto per x).

Svantaggi: non si tiene conto della difficoltà dei quesiti, della suddivisione in blocchi, né delle diverse aree tematiche. Non si valutano le competenze specifiche.

- **Valutazione mediante i blocchi di livello**, suggerita dall'INVALSI (Istituto Nazionale per la Valutazione del Sistema dell'Istruzione): per ogni quesito viene indicato il blocco di riferimento:

blocco A, di colore bianco (quesiti base, solitamente volti a testare le conoscenze e le abilità);

blocco B, di colore grigio (quesiti più avanzati, volti a testare le competenze).

Al termine della correzione si sommano separatamente i punteggi dei due blocchi e si trasformano in punti mediante una apposita tabella. La somma dei punti ottenuti nei due blocchi fornisce il voto in centesimi (e, di conseguenza, in decimi).

Vantaggi: la valutazione tiene conto della difficoltà degli esercizi e permette di ottenere una prima indicazione sulla preparazione: se si è ottenuto un punteggio alto nel blocco A ma basso in quello B occorre incrementare l'allenamento nei problemi e nelle applicazioni; viceversa un punteggio alto nel blocco B ma basso in quello A può indicare una buona competenza nel risolvere problemi ma una tendenza ad uno studio delle regole più approssimativo. Ovviamente queste considerazioni non sono una regola generale e occorre svolgere un attento esame caso per caso.

Svantaggi: la correzione è leggermente più elaborata, restituisce quasi sempre un voto intero e può, in certi casi, portare ad un livellamento della classe sui voti intermedi.

- **Valutazione tramite rubrica delle competenze**: è la valutazione che segue le nuove linee guida e si basa su un'analisi dei punteggi riportati in ognuno dei 4 nuclei tematici a cui afferiscono i quesiti di una prova:

numeri;
spazio & figure;
relazioni & funzioni;
misure, dati & previsioni.

Questo tipo di valutazione non restituisce una valutazione numerica, ma un livello di competenza secondo gli indicatori ministeriali[4].

Vantaggi: permette un'analisi approfondita su punti di forza e punti di debolezza del singolo studente e dell'intero gruppo classe. Offre una valutazione in linea con la certificazione europea delle competenze.

Svantaggi: la correzione è piuttosto elaborata e occorre un lavoro di analisi capillare. Non restituisce un voto numerico.

Nessun metodo è perfetto, ma ognuno può rispondere ad esigenze differenti. Utilizzare questi o altri metodi ancora [5] in alternanza può essere forse il modus operandi vincente, così da abituare gli studenti a differenti tipi di valutazione.

---

[4] Per questa valutazione l'insegnante deve seguire le indicazioni e le griglie di conversione presenti nel libretto delle soluzioni.

[5] Esempi:
- *metodo di attribuire un punteggio negativo alle domande errate*: si scoraggia il "tirare a caso", ma la semplice proporzione può essere molto penalizzante e può portare la media della classe su una votazione medio-bassa, occorrerà allora basarsi su una opportuna tabella di conversione punteggio-voto (anche non lineare);
- *metodo di attribuire la votazione massima (10) a chi ha ottenuto il punteggio più alto* e quindi scalare, ad esempio ogni 2 punti, di mezzo voto: metodo che funziona quando ci sono stati alcuni quesiti a cui nessuno della classe ha saputo rispondere correttamente (...come mai?) ma che può portare a sovrastimare l'effettivo livello di preparazione degli studenti.

Altre possibili strategie: correzione "incrociata" tra compagni di classe; svolgimento di qualche prova in coppia per favorire la collaborazione tra pari e l'auto-correzione.

ATTENZIONE!

Il primo test di questo libro non prevede una valutazione vera e propria, ma costituisce un "primo allenamento" per testare la capacità di attenzione e di concentrazione, oltre che per riprendere qualche competenza base di ingresso dalla Classe Prima.

Le altre 6 prove, invece, saranno strutturate in modo tale da permettere di applicare le valutazioni esposte.

Anche l'ultima prova, che raccoglie 7 tra i più difficili quiz proposti negli anni nelle prove INVALSI ufficiali, risulta fuori da questi schemi docimologici valutativi; è infatti da considerare una prova a sé stante, per le eccellenze ma non solo: può anche essere vista come una prova sfidante per l'intera classe.

PROVA ZERO

PROVA ZERO: TEST DI ATTENZIONE

TEMPO A DISPOSIZIONE: 35 MINUTI   ITEMS: 25

1) Se si moltiplica il numero 4 per un numero n > 0 (non necessariamente intero) il risultato sarà...

 ☐ A. sempre maggiore di 4.

 ☐ B. sempre maggiore o uguale a 4.

 ☐ C. sempre maggiore di 0.

 ☐ D. sempre maggiore di 1.

2) Quale affermazione non si riferisce al quadrato?

 ☐ A. È un rombo.

 ☐ B. Ha le diagonali perpendicolari.

 ☐ C. È equiangolo.

 ☐ D. È quasi sempre regolare.

3) Considera la seguente divisione:

$$0{,}002 : 0{,}001 =$$

 ☐ A. Il risultato sarà un numero intero.

 ☐ B. Il risultato avrà una cifra decimale.

 ☐ C. Il risultato avrà tre cifre decimali.

 ☐ D. Il risultato avrà sei cifre decimali.

4) Quale tra queste frazioni è - senza fare conti, a colpo d'occhio - la maggiore?

　　☐ A. $\frac{13}{11}$

　　☐ B. $\frac{11}{13}$

　　☐ C. $\frac{5}{9}$

　　☐ D. $\frac{1}{2}$

5) Quante sono le rette perpendicolari alla retta a di questa figura?

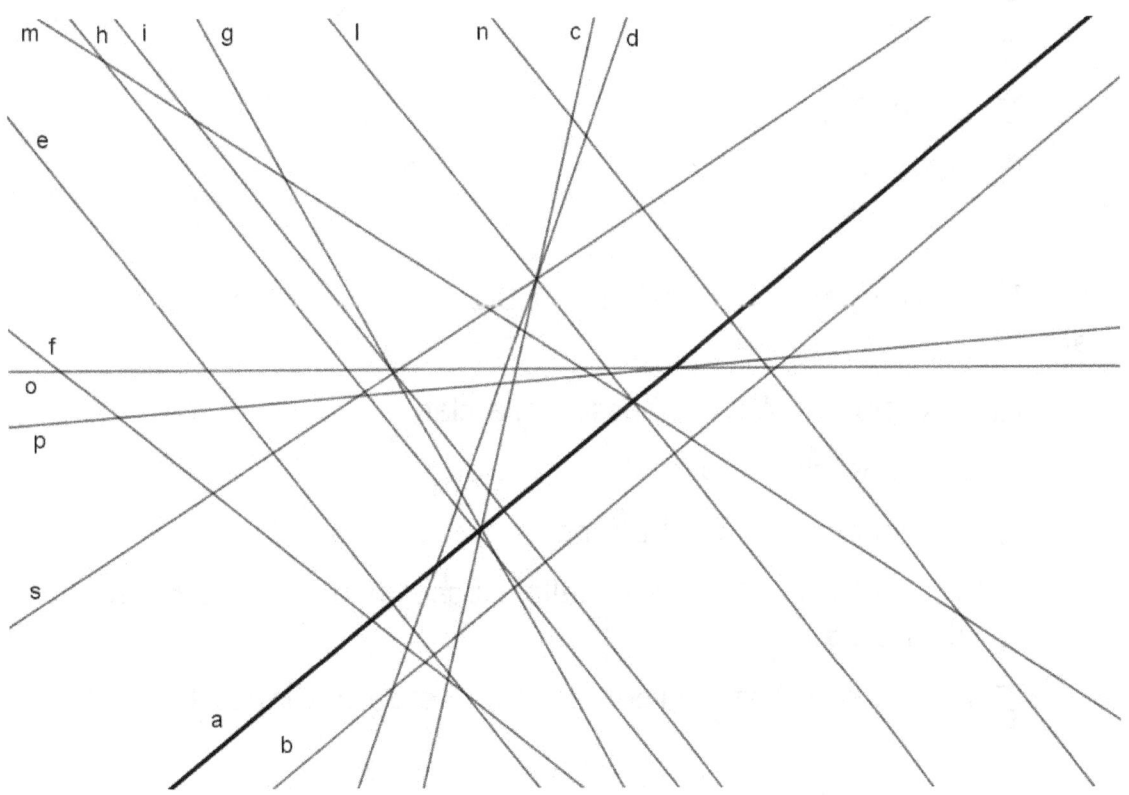

Risposta: _____

6) In quali delle seguenti figure i lati non sono a coppie paralleli e congruenti?

　　☐ A. rettangolo.
　　☐ B. quadrato.
　　☐ C. trapezio.
　　☐ D. rombo.

7) La massa in grammi (comunemente detta "peso") di questo libro che stai utilizzando a quale di questi valori si avvicina di più?

　　☐ A. 25 g.
　　☐ B. 250 g.
　　☐ C. 1000 g.
　　☐ D. 2500 g.

8) Se "Tutti i compagni sono più alti di Giancarlo" è una affermazione falsa allora ...

　　☐ A. Giancarlo è il più basso della classe.
　　☐ B. Giancarlo è il più alto della classe.
　　☐ C. Giancarlo non è il più basso della classe.
　　☐ D. Giancarlo è a metà della classe in un ordinamento in base all'altezza.
　　☐ E. Non si può stabilire nulla sull'altezza di Giancarlo.

9) Quale numero rappresenta il quadrato del doppio di cinque?

☐ A. 10

☐ B. 20

☐ C. 25

☐ D. 100

☐ E. Nessuno delle precedenti.

10) Quale di queste figure corrisponde alla descrizione a parole: "Quadrilatero con i lati consecutivi a coppie congruenti e le diagonali perpendicolari"?

☐ A.

☐ B.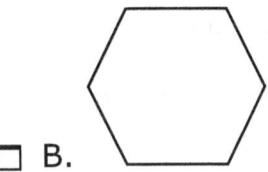

☐ D.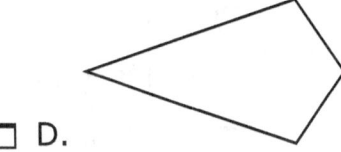

☐ E.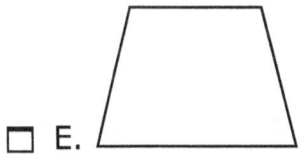

☐ C.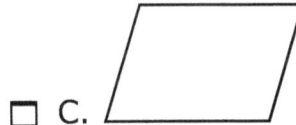

11) Quante volte 3 metri sono più grandi di 2 cm?

☐ A. 1,5 volte.

☐ B. 150 volte.

☐ C. 15 volte.

☐ D. 6 volte.

☐ E. 60 volte.

PROVA ZERO

12) Quanti minuti rappresentano tre quinti di ora?

 ☐ A. 35

 ☐ B. 36

 ☐ C. 45

 ☐ D. 50

 ☐ E. nessuna delle precedenti.

13) Per preparare una torta per 4 persone occorrono 300g di farina, 2 uova, 250g di zucchero, 1 brocca d'acqua e una busta da 16g di lievito. 90 grammi di burro rendono l'impasto più morbido e saporito. Se si vuole sapere quant'è la massa totale dell'impasto...

 ☐ A. basta calcolare: 300+2+250+1+16+90.

 ☐ B. bisogna conoscere la massa di ogni uova.

 ☐ C. bisogna conoscere la massa della brocca.

 ☐ D. bisogna conoscere la massa sia delle uova sia dell'acqua.

 ☐ E. bisogna calcolare: (300+250+16) · 4.

14) Quale delle seguenti uguaglianze è la sola falsa?

 ☐ A. $4^3 \cdot 4^4 \cdot 4 = 4^8$

 ☐ B. $4^3 : 4^2 \cdot 4 = 4^2$

 ☐ C. $[4^3]^2 \cdot 4^2 = 4^8$

 ☐ D. $[4^3]^0 \cdot 4 = 4^2$

 ☐ E. $[4^3]^2 : 4^6 = 1$

15) Quale figura rappresenta un triangolo rettangolo isoscele?

☐ A.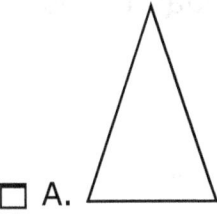

☐ B.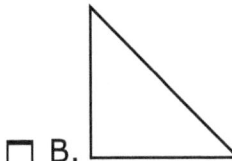

☐ C.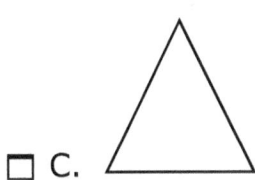

☐ D.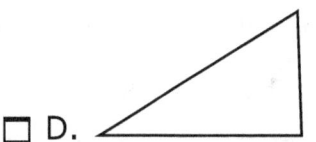

☐ E.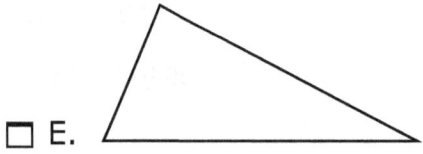

16) Quale insieme è l'unico vuoto?

☐ $A = \{x | x \text{ è una vocale di "mamma"}\}$

☐ $B = \{y | y \text{ è un numero naturale} > 10\}$

☐ $C = \{w | w \text{ è una consonante di "casa"}\}$

☐ $D = \{z | z \text{ è un multiplo dispari di } 2\}$

☐ $E = \{k | k > 5 \text{ e } k < 10\}$

17) Completa la frase con la parola corretta:

"*Fai bene il conto: in questa frase, scritta in corsivo, ci sono esattamente _____ parole che hanno quattro lettere; poni tanta attenzione alle trappole perché sono tali da farti fare non poca confusione!*"

PROVA ZERO

18) Matteo, Marco e Luca sono amici e hanno ciascuno tre sorelle e un fratello. Tutti quanti si incontrano per una cena. Quanti sono i maschi e quante le femmine presenti?

  ☐ A. 3 maschi e 9 femmine.

  ☐ B. 6 maschi e 9 femmine.

  ☐ C. 12 maschi e 9 femmine.

  ☐ D. 12 maschi e 3 femmine.

  ☐ E. nessuna delle precedenti.

19) In uno di questi gruppi numeri la media aritmetica non è 7. Quale?

  ☐ A. 6; 7; 8.

  ☐ B. 7; 7; 7.

  ☐ C. 5; 9; 7.

  ☐ D. 6; 6; 9.

  ☐ E. 4; 7; 6.

20) Trova la scrittura errata!

  ☐ A. 3 centinaia > 20 decine.

  ☐ B. 150 unità > 1 centinaia.

  ☐ C. 32 migliaia < 320 decine.

  ☐ D. 2 decine di migliaia = 20 migliaia.

  ☐ E. 3000 unità < 25 migliaia.

PROVA ZERO

21) Guarda la scacchiera in figura e rispondi alle domande successive:

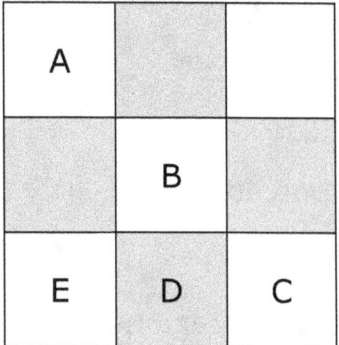

A) La casella nella terza riga, seconda colonna è...

☐ A. casella B.

☐ B. casella D.

☐ C. casella A.

☐ D. casella E.

☐ E. casella C.

B) Se nella casella A vi fosse il numero 2 e si procedesse attraverso le altre caselle che contengono una lettera, in ordine alfabetico, ogni volta raddoppiando il valore della lettera successiva, quale numero ci sarebbe scritto nella sola casella grigia che contiene una lettera?

Risposta: _____.

22) Quale delle seguenti potenze non è corretta per esprimere il numero 64?

☐ A. 2^6

☐ B. 4^3

☐ C. 8^2

☐ D. 32^2

☐ E. 64^1

PROVA ZERO

23) Se un angolo misura 22° e 30′, cosa si può dire del suo quadruplo?

☐ A. È un angolo acuto.

☐ B. È un angolo retto.

☐ C. È un angolo ottuso.

☐ D. Nessuna delle precedenti.

24) Quale rappresentazione della frazione $\frac{1}{4}$ non è corretta?

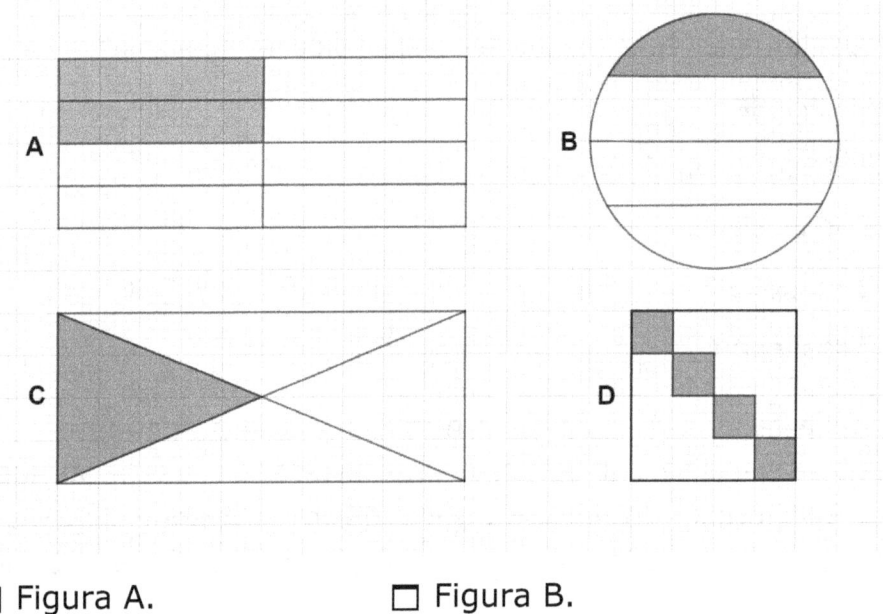

☐ Figura A.   ☐ Figura B.
☐ Figura C.   ☐ Figura D.

TEST ULTIMATO. HAI EVITATO I TRABOCCHETTI?

SE HAI ANCORA TEMPO, RICONTROLLA LE RISPOSTE!

PROVA ZERO

AUTOVALUTAZIONE

Gli esercizi della prova erano:

☐ semplici;   ☐ della giusta difficoltà;   ☐ impegnativi.

Ho trovato maggiori difficoltà (anche più risposte):

☐ nella comprensione del testo;

☐ nell'esecuzione dei calcoli;

☐ nel sapere che formule/regole usare;

☐ nella presenza di trappole e tranelli;

☐ nel tempo a disposizione.

Oppure:

☐ non ho riscontrato alcuna difficoltà.

VALUTAZIONE

PROVA A*

TEMPO A DISPOSIZIONE: 60 MINUTI   ITEMS: 28

A1) Giulia vuole trasformare le frazioni improprie in una somma di un numero intero e una frazione propria. Ha svolto le seguenti trasformazioni, ma in una ha commesso un errore. Qual è quella errata?

☐ A. $\frac{7}{5} = 1 + \frac{2}{5}$

☐ B. $\frac{9}{7} = 1 + \frac{5}{7}$

☐ C. $\frac{15}{2} = 7 + \frac{1}{2}$

☐ D. $\frac{13}{3} = 4 + \frac{1}{3}$

PUNTEGGIO:

A2) Osserva la figura.

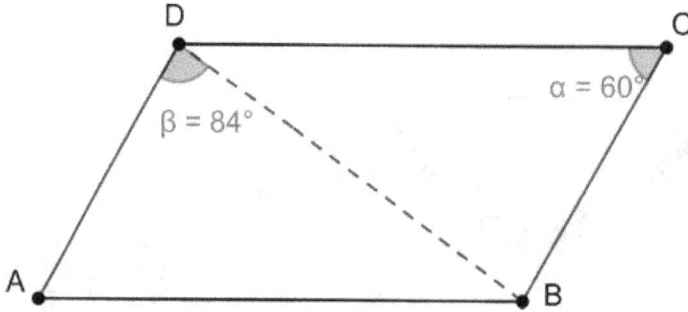

Quanto misurano gli angoli del parallelogramma ABCD?

☐ A. 84°; 60°; 84°; 60°.

☐ B. 90°; 60°; 90°; 60°.

☐ C. 120°; 60°; 120°; 60°.

☐ D. 84°; 36°; 60°; 84°.

PUNTEGGIO:

---

* Può essere svolta nel 1° Quadrimestre.

PROVA A

A3) In un Istituto Comprensivo il numero di alunni della Scuola Primaria supera quello degli alunni della Secondaria di Primo Grado di 120 unità.

A) Sapendo che gli alunni della Primaria sono il quadruplo di quelli della Secondaria, quanti sono gli alunni che frequentano la Primaria?

☐ A. 100

☐ B. 120

☐ C. 140

☐ D. 160

B) Illustra il procedimento da te seguito per giungere alla soluzione

_____

_____

_____

_____

PUNTEGGIO:

A4) Catherine è da poco arrivata in Italia ed è stupita delle differenti abitudini alimentari degli studenti italiani, in particolare per quel che riguarda la colazione. Così ha svolto una piccola indagine tra gli alunni della sua scuola.

Su 160 compagni a cui ha chiesto, la metà ha dichiarato di fare colazione con caffè-latte o cappuccino e brioches, un quarto con succo di frutta e biscotti. Dei rimanenti, metà prende un thè caldo e torta o muffin, e l'altra metà non fa colazione (rimandando alla merenda di metà mattina). Catherine pensa che questi ultimi compagni siano un po' matti, tanto è vero che ad alcuni che sono in classe con lei deve sempre offrire loro un po' della sua merenda perché sono sempre affamati...! Iniziare la giornata con una buona e abbondante colazione per lei è un dovere e la fa essere concentrata e attenta fin dalle prime lezioni!

PROVA A

A) Quanti sono i compagni intervistati che al mattino non fanno colazione?

☐ A. 10
☐ B. 20
☐ C. 30
☐ D. 40

PUNTEGGIO:

B) Quale di questi grafici rappresenta in modo corretto l'esito dell'intervista di Catherine?

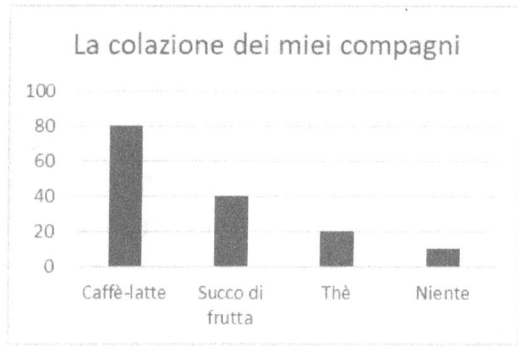
☐ A.

☐ C.

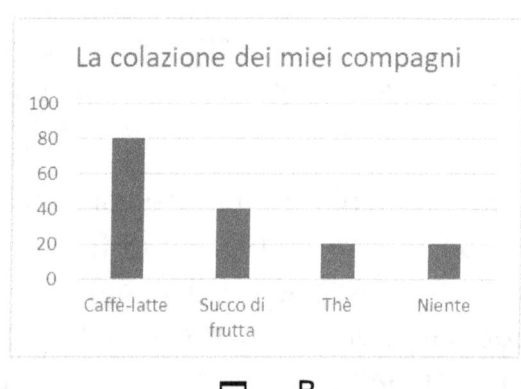
☐ B.

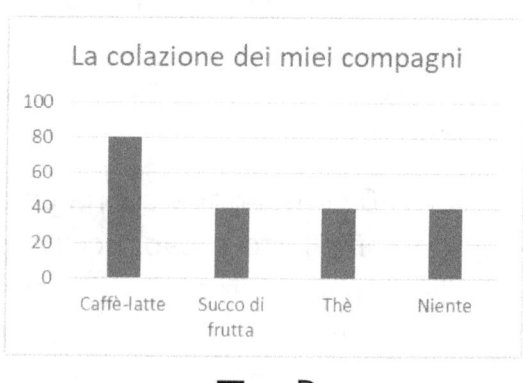
☐ D.

PROVA A

A5) Il medico ha consigliato a Gabriele lo sciroppo per la tosse: dovrà assumere 5 cl di sciroppo 3 volte al giorno per 7 giorni.

A) Se il flacone contiene 20 dl di sciroppo, è sufficiente per tutta la cura?

☐ Sì.

☐ No.

B) Se sì, dire quanto sciroppo avanza, se no, dire quanto sciroppo manca.

_____ dl di sciroppo.

PUNTEGGIO:

A6) Un quadrato, di lato 10 cm, e un rettangolo, con base pari a 8 cm, sono isoperimetrici. Quale affermazione tra queste è la sola corretta?

☐ A. Il quadrato ha area maggiore. Essa vale 40 cm².

☐ B. Il rettangolo ha area maggiore. Essa vale 96 cm².

☐ C. Il quadrato ha area maggiore. Essa vale 100 cm².

☐ D. Il rettangolo ha area maggiore. Essa vale 192 cm².

PUNTEGGIO:

A7) Scegli le cifre con cui completare il numero in modo che risulti divisibile contemporaneamente per 9 e per 4 e sia il più piccolo possibile.

8 9 _ _ 4

☐ A. 0 e 6.

☐ B. 3 e 3.

☐ C. 4 e 2.

☐ D. 1 e 6.

PUNTEGGIO:

A8) Osserva il tachimetro e stabilisci se ciascuna affermazione in tabella è vera o falsa:

Affermazione	V	F
La lancetta segna una velocità maggiore di 230 km/h.		
Il tachimetro ha portata massima pari a 250 km/h.		
La sensibilità di questo tachimetro è pari a 20 km/h.		
La velocità indicata dal tachimetro è circa 210 km/h.		

PUNTEGGIO:

A9) Per realizzare una pavimentazione con piastrelle ottagonali (nella figura ne sono state posizionate appena due) sono necessarie anche piastrelle a forma di...

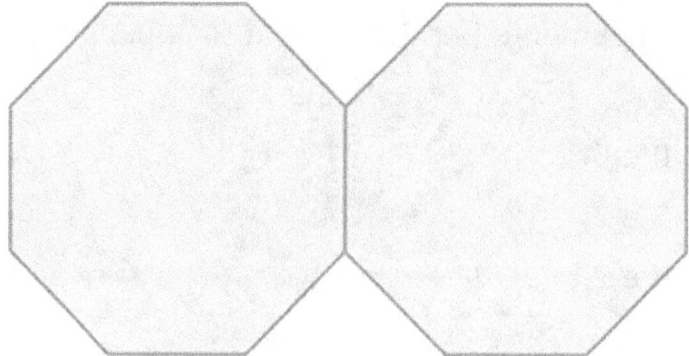

☐ A. triangolo equilatero.

☐ B. quadrato.

☐ C. trapezio.

☐ D. esagono.

PUNTEGGIO:

A10) Cinque quarti d'ora corrispondono a ...

☐ A. 45 minuti.

☐ B. 65 minuti.

☐ C. 75 minuti.

☐ D. 95 minuti.

PUNTEGGIO:

A11) In tabella sono riportate le durate delle ultime tre telefonate effettuate da Carolina alle sue amiche. Carolina ha ancora una vecchia tariffa telefonica, dove spende 12 centesimi al minuto, senza scatto alla risposta ma con scatti ogni 20 secondi.

Telefonata a...	Durata
Elisa	1 m 20 s
Beatrice	2 m 9 s
Lucrezia	5 m 43 s

A) Quanto ha speso per effettuare le tre telefonate?

☐ A. 96 centesimi.

☐ B. 100 centesimi.

☐ C. 108 centesimi.

☐ D. 112 centesimi.

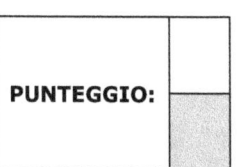

PROVA A

B) Mostra ragionamento e calcoli che ti hanno portato alla risposta:

_____

_____

_____

A12) Se al quadrato di un numero aggiungi 64, ottieni 100. Il numero è:

☐ A. 8   ☐ B. 10   ☐ C. 36   ☐ D. 6

PUNTEGGIO:

A13) Quale valore rende vera la seguente uguaglianza?

$$\frac{\ldots}{9} = \frac{4}{3}$$

☐ A. 10

☐ B. 12

☐ C. $\frac{1}{12}$

☐ D. Non esiste alcun valore che la possa rendere vera.

PUNTEGGIO:

A14) Quale poligono non è equivalente agli altri tre?

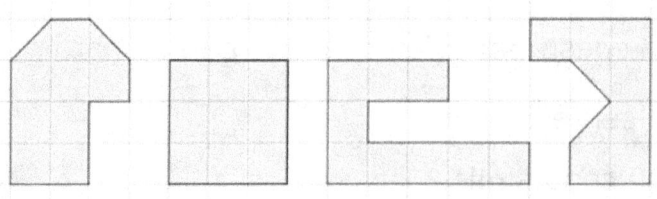

☐ A.   ☐ B.   ☐ C.   ☐ D.

PUNTEGGIO:

PROVA A

A15) Inserisci sulla retta orientata i seguenti numeri:

$$\frac{4}{2}; \sqrt{9}; \frac{5}{10}; 0,25$$

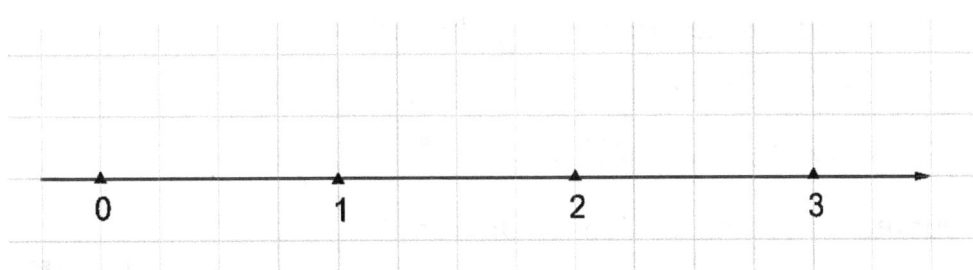

PUNTEGGIO:

A16) La distanza media tra la Terra e il Sole è pari a circa 146 milioni di chilometri. Qual è la corretta scrittura in notazione scientifica?

☐ A. $146 \cdot 10^6$ m.

☐ B. $14,6 \cdot 10^8$ m.

☐ C. $1,46 \cdot 10^{11}$ m.

☐ D. $1,46 \cdot 10^9$ km.

PUNTEGGIO:

A17) Ai campionati studenteschi vengono intervistati i quattro partecipanti di un istituto alla corsa campestre. Ecco le dichiarazioni raccolte:

Federico: «Mannaggia: per 15 secondi non ho vinto!»

Luca: «Non ci crederete mai, ma sono arrivato 4 secondi prima di Umberto!»

Umberto: «Potevo fare meglio: ho impiegato 23 secondi in più rispetto a Federico...»

Mattia: «Ho vinto! E pure con un tempo buono: 6 minuti e 3 secondi!»

PROVA A

A) L'ordine di arrivo è stato:

☐ A. Mattia; Luca; Federico; Umberto.

☐ B. Mattia; Federico; Luca; Umberto.

☐ C. Mattia, Federico; Umberto; Luca.

☐ D. Non si può stabilire.

B) Quanto tempo ha impiegato Umberto?

Risposta: _____

A18) Quale di questi segmenti non è un'altezza del triangolo ABC?

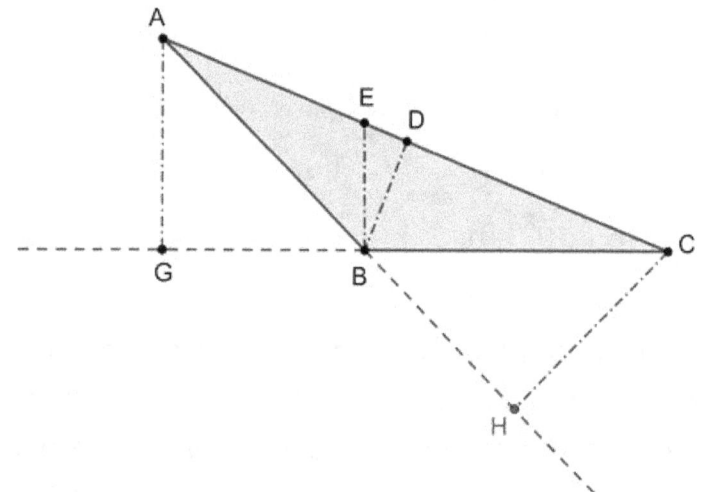

☐ A. AG

☐ B. BE

☐ C. BD

☐ D. CH

PROVA A

A19) Quanti altri triangolini bianchi bisogna scurire perché i $\frac{4}{5}$ della figura risulti grigia?

_____ quadratini.

PUNTEGGIO:

A20) Quale frase descrive la corretta procedura per ottenere il secondo numero di ciascuna coppia partendo dal primo?

(2; 6)

(3; 11)

(5; 27)

(8; 66)

☐ A. Aggiungi 4.

☐ B. Fai il triplo e aggiungi 2.

☐ C. Fai il quadrato e aggiungi 2.

☐ D. Fai il cubo e sottrai 2.

PUNTEGGIO:

A21) Un triangolo avente la base e l'altezza lunghe rispettivamente 40 cm e 50 cm è equivalente ad un rettangolo le cui dimensioni misurano...

☐ A. 40 cm e 50 cm.

☐ B. 20 cm e 25 cm.

☐ C. 20 cm e 100 cm.

☐ D. 40 cm e 25 cm.

PUNTEGGIO:

PROVA A

A22) Inserisci al posto dei puntini il numero corretto in modo da rendere vera l'uguaglianza.

$$100 : \underline{} = 400$$

PUNTEGGIO:

A23) Nella figura vedi una candela posta su una griglia quadrettata difronte ad uno specchio. In quale punto apparirà l'immagine riflessa della candela?

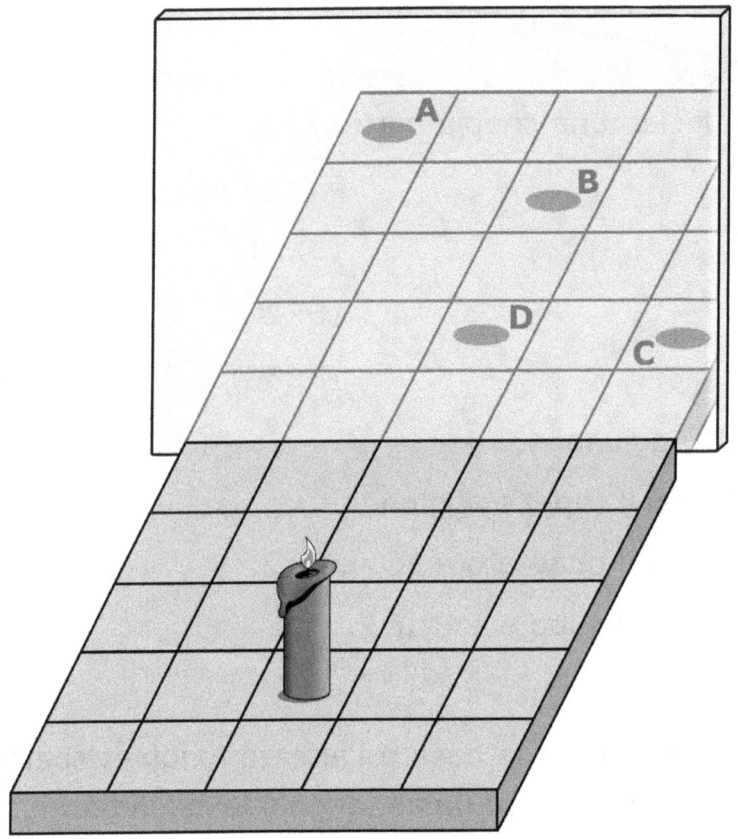

☐ A. Nel punto A.
☐ B. Nel punto B.
☐ C. Nel punto C.
☐ D. Nel punto D.

PUNTEGGIO:

PROVA A

HAI TERMINATO LA PROVA!

SE HAI ANCORA DEL TEMPO, RILEGGI E RIGUARDA I QUESITI...

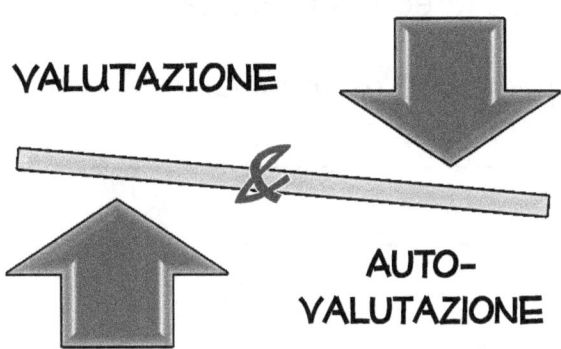

Da compilare <u>prima</u> della correzione e della valutazione!

AUTOVALUTAZIONE

Gli esercizi della prova erano:

☐ semplici; ☐ della giusta difficoltà;

☐ impegnativi; ☐ difficili.

Ho trovato maggiori difficoltà (anche più risposte):

☐ nella comprensione del testo;
☐ nell'esecuzione dei calcoli;
☐ nel sapere che formule/regole usare;
☐ nel tempo a disposizione.

PROVA A

Credo di aver fatto meglio gli esercizi (anche più risposte):

☐ di calcolo numerico;
☐ di geometria;
☐ di logica e intuizione;
☐ relativi a grafici, tabelle ed equivalenze.

Ho trovato particolarmente belli e/o originali e/o divertenti gli esercizi:

_____

_____

* * *

VALUTAZIONE 1:

VALUTAZIONE 2:

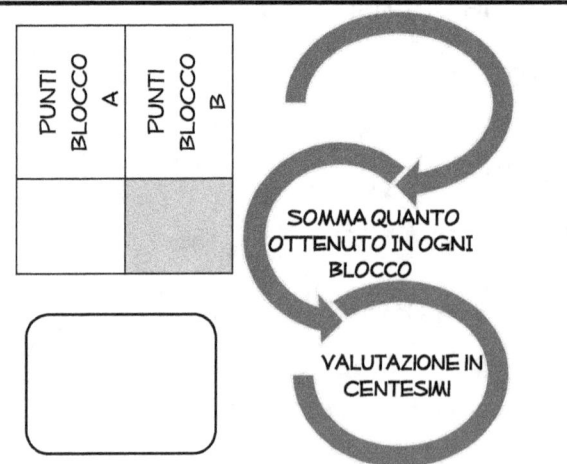

BLOCCO A	CONVERSIONE
0	0
DA 1 A 4	20
DA 5 A 8	30
DA 9 A 12	40
DA 13 A 15	50
16 O 17	60
BLOCCO B	CONVERSIONE
0	0
DA 1 A 3	5
4 O 5	10
6 O 7	20
8 O 9	30
10 O 11	40

VALUTAZIONE 3: COMPETENZE

NUCLEO TEMATICO	QUESITI AFFERENTI	PUNTI TOTALIZZATI	LIVELLO RAGGIUNTO
NUMERI	A1, A7, A10, A12, A13, A15, A22	/7	
SPAZIO & FIGURE	A2, A6, A9, A14, A18, A19, A21, A23	/8	
RELAZIONI & FUNZIONI	A3, A5, A11, A17, A20	/9	
MISURE, DATI & PREVISIONI	A4, A8, A16	/4	

<u>Livelli</u>: iniziale, base, intermedio, avanzato.

PROVA B

PROVA B*

TEMPO A DISPOSIZIONE: 60 MINUTI   ITEMS: 28

B1) In quale risposta i numeri sono ordinati correttamente dal più piccolo al più grande?

☐ A. 0,345;   0,18;   0,009; $\frac{1}{5}$.

☐ B. 0,18; $\frac{1}{5}$;   0,345;   0,9.

☐ C. 0,9;   0,18; $\frac{1}{5}$;   0,345.

☐ D. $\frac{1}{5}$;   0,9;   0,345;   0,18.

PUNTEGGIO:

B2) Un pacco di 300 fogli di carta uguali ha uno spessore di 3,75 cm. Qual è lo spessore di un singolo foglio di carta?

☐ A. 0,008 cm.

☐ B. 0,0125 cm.

☐ C. 0,05 cm.

☐ D. 0,08 cm.

PUNTEGGIO:

---

* Può essere svolta nel 1° Quadrimestre.

PROVA B

B3) Osserva il disegno, che riporta tre triangoli parzialmente sovrapposti.

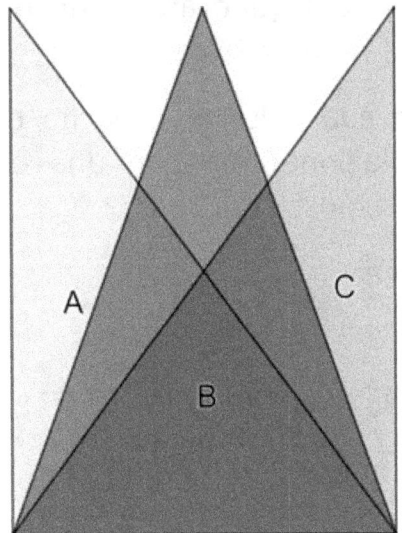

Cosa si può affermare circa l'area dei tre triangoli?

☐ A. Hanno tutti e tre la stessa area.

☐ B. Il triangolo B ha l'area maggiore.

☐ C. L'area del triangolo B è di poco minore dell'area del triangolo A, la quale è la stessa dell'area del triangolo C.

☐ D. La somma delle aree del triangolo A e del triangolo C è equivalente all'area del triangolo B.

PUNTEGGIO:

B4) Inserisci al posto dei puntini il numero corretto:

…… : 0,2 = 400

PUNTEGGIO:

PROVA B

B5) Sofia vuole mettere alla prova la sua amica Chiara e le propone questo quizzetto: "Se al triplo del quadrato di un numero aggiungi 28 ottieni 1000. Chiara, qual è il numero?"

Chiara, per testare a sua volta le capacità dell'amica, decide che non risponderà con la soluzione, ma con una espressione che porta alla soluzione. Quale è la risposta di Chiara?

- ☐ A. $\sqrt{1000 : 3 - 28}$
- ☐ B. $\sqrt{1000 - 28 : 3}$
- ☐ C. $\sqrt{1000 : 3 + 28}$
- ☐ D. $\sqrt{(1000 - 28) : 3}$

PUNTEGGIO:

B6) In un orologio a quadrante come quello nel disegno, quanto vale l'ampiezza dell'angolo compiuto dalla lancetta dei minuti tra le 13:05 e le 13:10?

- ☐ A. 5°
- ☐ B. 10°
- ☐ C. 15°
- ☐ D. 30°

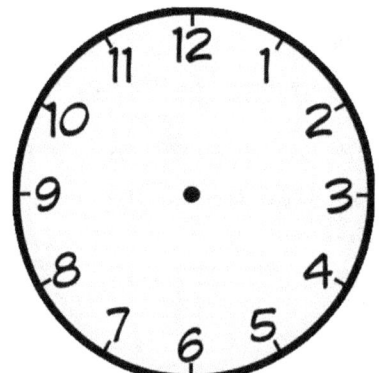

PUNTEGGIO:

B7) A scuola si sta tenendo il torneo natalizio di Hex, un gioco di logica, strategia e riflessione che non può mai finire con un pareggio. La "alfa-team" ha vinto 7 partite su 12. La "beta-team" ha giocato i $\frac{5}{6}$ delle partite giocate dalla alfa-team e ne ha vinte la metà. La "pi-greco-team" ha giocato solo 5 partite e le ha perse tutte. Infine la "omega-team" ha giocato $\frac{3}{4}$ delle partite della alfa-team e ne ha persa una.

PROVA B

A) Qual è la classifica in questo momento?

☐ A. alfa-t; beta-t; omega-t; pi-greco-t.

☐ B. omega-t; alfa-t; beta-t; pi-greco-t.

☐ C. omega-t ; beta-t ; alfa-t ; pi-greco-t.

☐ D. alfa-t; omega-t; beta-t; pi-greco-t.

B) Scrivi il procedimento che hai seguito per giungere alla soluzione:

_____

_____

_____

_____

_____

PUNTEGGIO:

B8) La classe di Giulio sta affrontando un ripasso sui numeri decimali. In particolare, in un lavoro a gruppi, si sta discutendo in merito alla sottrazione tra due numeri decimali. Ecco cosa dicono gli alunni del gruppo di Giulio:

Irene: "La differenza tra due numeri decimali è un numero decimale!"

Dafne: "La differenza tra due numeri decimali non può essere un numero intero."

Giulio: "Se minuendo e sottraendo hanno la stessa parte decimale, la differenza è un numero intero."

Mattia: "Se sottraendo e differenza hanno la stessa parte decimale allora il minuendo è un numero intero".

PROVA B

Chi ha ragione?

☐ A. Sia Irene sia Dafne.

☐ B. Solo Irene.

☐ C. Solo Giulio.

☐ D. Solo Mattia.

PUNTEGGIO:

B9) Quale numero occorre aggiungere affinché la media aritmetica diventi pari a 8?

$$8;\ 7;\ 5;\ 10;\ ?$$

Risposta: ? = _____

PUNTEGGIO:

B10) Indovinello. «Che figura sono?» Indizi:

- sono un quadrilatero;
- ho le diagonali perpendicolari;
- non sono equilatero;
- ho 2 angoli opposti congruenti.

Sono un _____.

PUNTEGGIO:

B11) Un automobilista divide il suo viaggio in tre tappe. Nella prima percorre i tre quinti dell'intero percorso, nella seconda un mezzo della tappa precedente.

PROVA B

A) Se nell'ultima tappa ha fatto 70 km, a quanti chilometri ammonta l'intero viaggio?

☐ A. 350 km

☐ B. 700 km

☐ C. 800 km

☐ D. 900 km

B) Scrivi il procedimento che hai seguito per giungere alla soluzione:

_____

_____

_____

_____

PUNTEGGIO:

B12) Eleonora ha condotto un'indagine sul numero di ore al giorno in cui gli studenti di II media della sua scuola guardano la TV. Ha riportato i dati nella seguente tabella:

Numero di ore al giorno	0	1	2	3	4	5	6
Numero di studenti	20	45	75	60	10	5	5

Successivamente, ha costruito con i dati della tabella il seguente grafico, ma ha commesso alcuni errori.

PROVA B

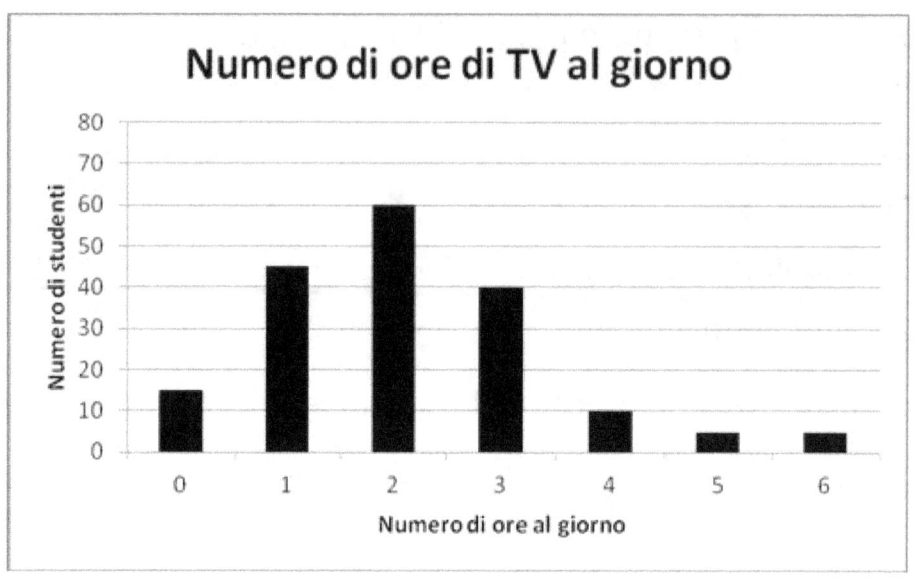

A) Quali colonne ha sbagliato a disegnare?

☐ A. La prima (0), la seconda (1) e le ultime due (5 e 6);

☐ B. La prima (0), la terza (2) e le ultime due (5 e 6);

☐ C. La seconda (1), la terza (2) e la quarta (3).

☐ D. La prima (1), la terza (2) e la quarta (3).

B) Giulia, compagna di classe di Eleonora, ha invece svolto un'altra indagine, sempre sulla TV, ma relativa questa volta ai programmi preferiti dagli studenti di II media della sua scuola. Ha riportato i risultati dell'indagine nel seguente ideogramma.

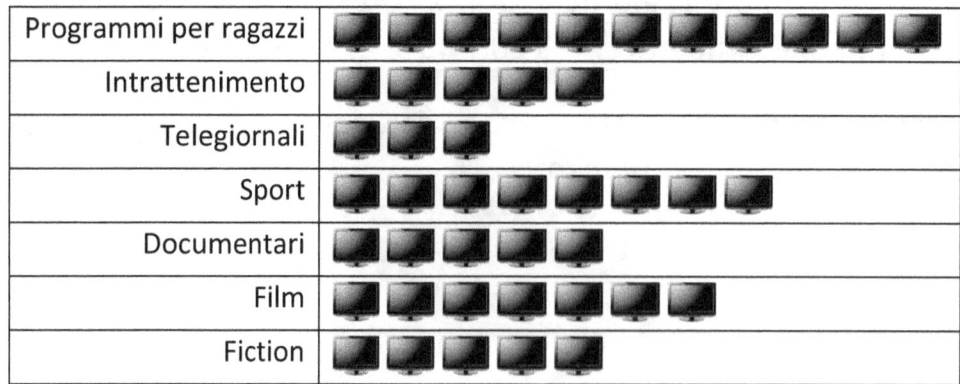

PROVA B

Usando i dati dell'ideogramma, compila tu la seguente tabella. Alcune caselle sono già state riempite.

Tipo di programma	Programmi per ragazzi	Intrattenimento				Film	
Numero di studenti		15					

C) Rispondi ora alle seguenti domande, relative alle indagini di Eleonora e Giulia.

		Sì	No
1.	Si può calcolare la media aritmetica del numero di ore al giorno in cui gli studenti guardano la TV?	☐	☐
2.	Si può calcolare la media aritmetica dei programmi preferiti dagli studenti?	☐	☐
3.	Il campione statistico (numero totale di studenti) utilizzato da Eleonora è lo stesso di quello utilizzato da Giulia?	☐	☐
4.	Si può affermare che i ragazzi che stanno più ore al giorno davanti alla televisione sono quelli che preferiscono programmi per ragazzi?	☐	☐

PROVA B

D) Stabilisci qual è la moda delle due indagini.

- Indagine di Eleonora sul n. di ore di TV al giorno:

    Moda = _____

- Indagine di Giulia sul programma preferito alla TV:

    Moda = _____

PUNTEGGIO:

B13) Carlotta è alle prese con questi due enigmi... sai aiutarla?

A) *Di questi quattro numeri uno solo è quello giusto:*
   non è multiplo di 5, non è multiplo di 7,
   non è primo e ... il resto spetta al tuo fiuto!

☐ A. 740   ☐ B. 161   ☐ C. 97   ☐ D. 123

B) *Di questi quattro numeri uno sono è quello errato:*
   tutti gli altri sono multipli di 5 e pure di 7,
   e sono pure composti... il resto spetta al tuo palato!

☐ A. 105   ☐ B. 35   ☐ C. 420   ☐ D. 149

PUNTEGGIO:

PROVA B

B14) Il cerchio in figura è diviso in 16 settori tutti uguali.

$\frac{1}{4}$ dei settori sono colorati in blu,  in giallo e i rimanenti in rosso. Quanti sono i settori colorati in rosso?

- ☐ A. 2
- ☐ B. 4
- ☐ C. 6
- ☐ D. 10

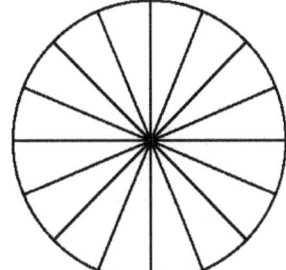

PUNTEGGIO:

B15) Omar, Arken e Mathew sono compagni non di classe, ma di sport. Quasi tutti i giorni si ritrovano al centro sportivo a praticare diverse attività. Hanno però deciso di fare nuoto con cadenze diverse: Omar ogni 5 giorni, Arken ogni 10 giorni e Mathew ogni 12 giorni.

A) Se il 3 Marzo si ritrovano tutti e tre insieme in piscina, in quale giorno si ritroveranno nuovamente tutti e tre a nuotare?

- ☐ A. Il 15 marzo.
- ☐ B. Il 3 Aprile.
- ☐ C. Il 2 Maggio.
- ☐ D. Il 29 Giugno.

B) Spiega ragionamento e conti da te fatti per arrivare alla soluzione:

_____

_____

_____

PUNTEGGIO:

PROVA B

B16) Quale dei seguenti numeri interi è più vicino al risultato di questa moltiplicazione?

$$4,82 \cdot 9,95$$

☐ A. 50

☐ B. 36

☐ C. 42

☐ D. 48

PUNTEGGIO:

B17) Lorenzo sostiene che l'ottagono in figura ha il perimetro di 8 cm.

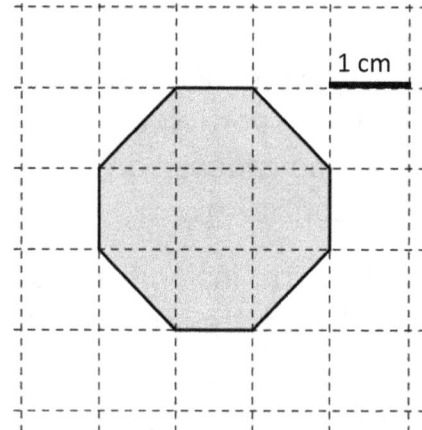

PUNTEGGIO:

Lorenzo ha ragione? Scegli una delle due risposte e completa la frase.

☐ Lorenzo ha ragione perché _____

_____

_____

☐ Lorenzo <u>non</u> ha ragione perché _____

_____

_____

PROVA B

B18) Il cubo di Rubik è un famoso rompicapo e passatempo che appassiona piccoli e grandi. Le sue facce possono essere di varie dimensioni, quello in figura è un cubo 3 x 3, dove ogni quadratino su ogni faccia ha il lato che misura 1 cm.

A) Quanti quadratini sono presenti, in tutto, sul cubo di Rubik?

☐ A. 9

☐ B. 27

☐ C. 36

☐ D. 54

B) Quanto vale l'area della superficie totale del cubo?

A = _____ cm²

PUNTEGGIO:

PROVA B

B19) Cinque compagni di classe decidono di registrare i risultati delle verifiche fatte nel mese di dicembre per mettere a confronto i loro risultati. Nella loro classe gli insegnanti somministrano verifiche con punteggio massimo 100 (i voti sono quindi in centesimi).

A) In tabella mancano alcuni dati. Completala.

	Italiano	Storia	Mate	Inglese	**Media**
Martina	98	96	88	95	
Sofia	45	67	60	75	**61,75**
Luigi	78	84	66	70	**74,5**
Elisa	92	75	67	64	
Patrizio	78	66	58	54	**64**
Punteggio Medio	78,2	77,6		71,6	

B) Individua l'affermazione falsa tra le seguenti.

☐ A. Italiano è la materia dove i 5 alunni vanno complessivamente meglio.

☐ B. Il punteggio medio nelle prove di Storia è più alto di quello nelle prove di Inglese.

☐ C. Martina è la più brava tra questi 5 compagni.

☐ D. Sofia va meglio di Patrizio in tutte le materie.

PUNTEGGIO:

PROVA B

HAI TERMINATO LA PROVA!

SE HAI ANCORA DEL TEMPO, RILEGGI E RIGUARDA I QUESITI ...

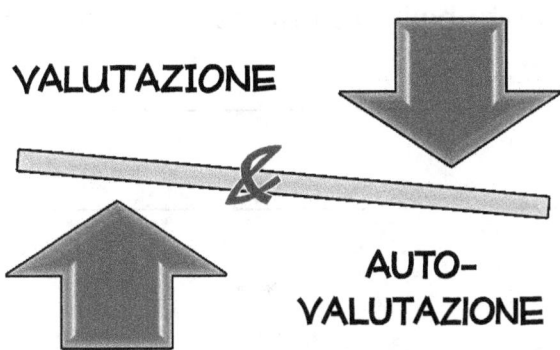

Da compilare prima della correzione e della valutazione!

AUTOVALUTAZIONE

Gli esercizi della prova erano:

☐ semplici;   ☐ della giusta difficoltà;

☐ impegnativi;   ☐ difficili.

Ho trovato maggiori difficoltà (anche più risposte):

☐ nella comprensione del testo;
☐ nell'esecuzione dei calcoli;
☐ nel sapere che formule/regole usare;
☐ nel tempo a disposizione.

PROVA B

Credo di aver fatto meglio gli esercizi (anche più risposte):

- ☐ di calcolo numerico;
- ☐ di geometria;
- ☐ di logica e intuizione;
- ☐ relativi a grafici, tabelle ed equivalenze.

Ho trovato particolarmente belli e/o originali e/o divertenti gli esercizi:

_____

_____

* * *

VALUTAZIONE 1:

VALUTAZIONE 2:

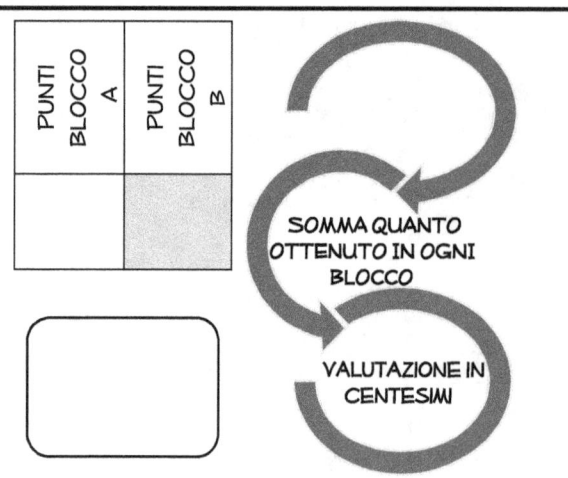

BLOCCO A	CONVERSIONE
0	0
DA 1 A 4	20
DA 5 A 8	30
DA 9 A 12	40
DA 13 A 15	50
16 O 17	60
BLOCCO B	CONVERSIONE
0	0
DA 1 A 3	5
4 O 5	10
6 O 7	20
8 O 9	30
10 O 11	40

PROVA B

VALUTAZIONE 3: COMPETENZE

NUCLEO TEMATICO	QUESITI AFFERENTI	PUNTI TOTALIZZATI	LIVELLO RAGGIUNTO
NUMERI	B1, B4, B5, B8, B13, B14, B16	/8	
SPAZIO & FIGURE	B3, B6, B10, B17, B18	/6	
RELAZIONI & FUNZIONI	B2, B7, B11, B15,	/7	
MISURE, DATI & PREVISIONI	B9, B12, B19	/7	

Livelli: iniziale, base, intermedio, avanzato.

PROVA C

TEMPO A DISPOSIZIONE: 60 MINUTI   **ITEMS: 28**

C1) Osserva la figura: una delle affermazioni a suo riguardo è falsa. Quale?

☐ A. Le finestre aperte sono meno della metà di quelle chiuse.

☐ B. Le finestre chiuse sono 14 e quelle aperte sono 6.

☐ C. I $\frac{7}{10}$ delle finestre sono chiuse.

☐ D. I $\frac{3}{7}$ delle finestre sono aperte.

PUNTEGGIO:	

⊗ Si consiglia di svolgerla nel 2° Quadrimestre.

PROVA C

C2) In una classe ci sono 30 alunni.

A) Se le i maschi sono i $\frac{2}{3}$ delle femmine, quanti sono i maschi della classe?

☐ A. 6

☐ B. 12

☐ C. 18

☐ D. 20

B) Spiega il ragionamento (disegno, calcoli, ...) da te compiuto per giungere al risultato.

_____

_____

_____

_____

PUNTEGGIO:

C3) Le aree di due quadrati, in centimetri quadri, misurano rispettivamente 900 e 144. Quanto vale il rapporto tra i loro perimetri?

☐ A. 5,2

☐ B. $\frac{25}{4}$

☐ C. $\frac{5}{2}$

☐ D. 6,25

PUNTEGGIO:

PROVA C

C4) In una scatola ci sono 50 pedine di tre colori: bianco, nero e grigio. Se si estrae a caso una pedina si ha il 30% di probabilità di estrarne una bianca.

Questo significa che...

☐ A. ... le pedine bianche sono più delle nere.

☐ B. ... la probabilità di estrarre una pedina grigia è del 20%.

☐ C. ... le pedine bianche sono 15.

☐ D. ... le pedine non bianche sono meno delle pedine bianche.

PUNTEGGIO:

C5) Nella classe di Matteo si sta discutendo su due figure, il quadrato e il Rettangolo. Sono sorte diversi pareri: sono tutti corretti tranne uno. Chi sbaglia?

☐ A. Elisa: "È possibile disegnare un quadrato e un rettangolo di uguale perimetro."

☐ B. Federico: "È possibile disegnare due rettangoli di diverse dimensioni, ma equiestesi."

☐ C. Camilla: "È possibile disegnare due quadrati di diverse dimensioni ma equiestesi."

☐ D. Matteo: "È possibile disegnare un quadrato e un rettangolo equiestesi."

PUNTEGGIO:

PROVA C

C6) Paolo deve arrotondare il numero 39768,12 alle decine di migliaia. Qual è la scrittura esatta che deve adottare?

☐ A. 40000

☐ B. 39700

☐ C. 39000

☐ D. 39768

| PUNTEGGIO: | |

C7) Davide ama molto equiscomporre le figure. Ha davanti questa figura a forma di vaso e sa che il lato di ogni quadretto vale 1 cm.

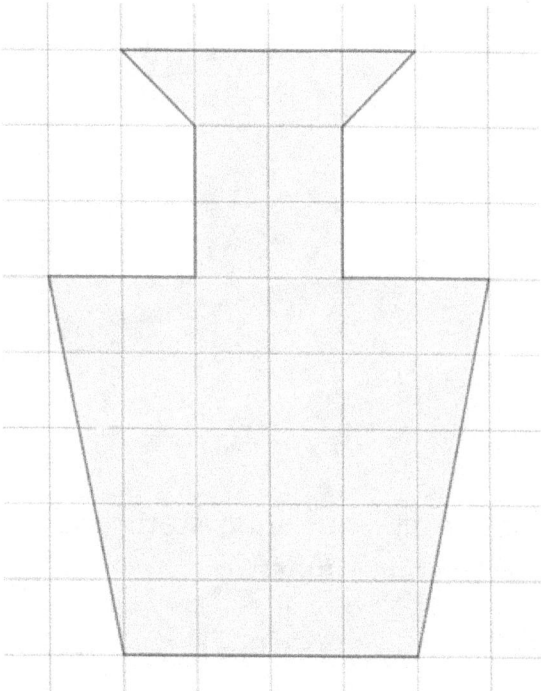

A) Quanto vale l'area della figura?

Risposta: A = _____ cm²

PROVA C

B) Quale di queste espressioni può essere usata per calcolare l'area della figura?

- A. $(4 + 2) + 2^2 + (6 + 4) \cdot 5 : 2$
- B. $\frac{4+2}{2} + 2^2 + \frac{(6+4) \cdot 5}{2}$
- C. $\frac{4+2}{2} + 2^2 + (6 + 4) \cdot 5$
- D. $(4 + 2) + 2^2 + (6 + 4) \cdot 5$

PUNTEGGIO:

C8) Una macchia copre una cifra. Uno dei risultati che seguono non può essere il risultato dell'operazione:

$$\frac{24}{3\blacksquare} \cdot \frac{13}{8}$$

- A. $\frac{39}{31}$
- B. $\frac{39}{35}$
- C. $\frac{13}{11}$
- D. $\frac{39}{40}$

PUNTEGGIO:

C9) Da un foglio di carta di 1 m² sono stati ritagliati 5 fogli da 4 dm² l'uno. Quanti dm² di carta sono rimasti?

- A. 80 dm²
- B. 8 dm²
- C. 800 dm²
- D. 0,08 m²

PUNTEGGIO:

PROVA C

C10) Individua il numero maggiore tra i seguenti numeri:

0,021; $\frac{1}{500}$;   0,005; $\frac{1}{21}$.

☐ A.   ☐ B.   ☐ C.   ☐ D.

PUNTEGGIO:

C11) Quale punto del grafico ha ascissa 4 e ordinata 3?

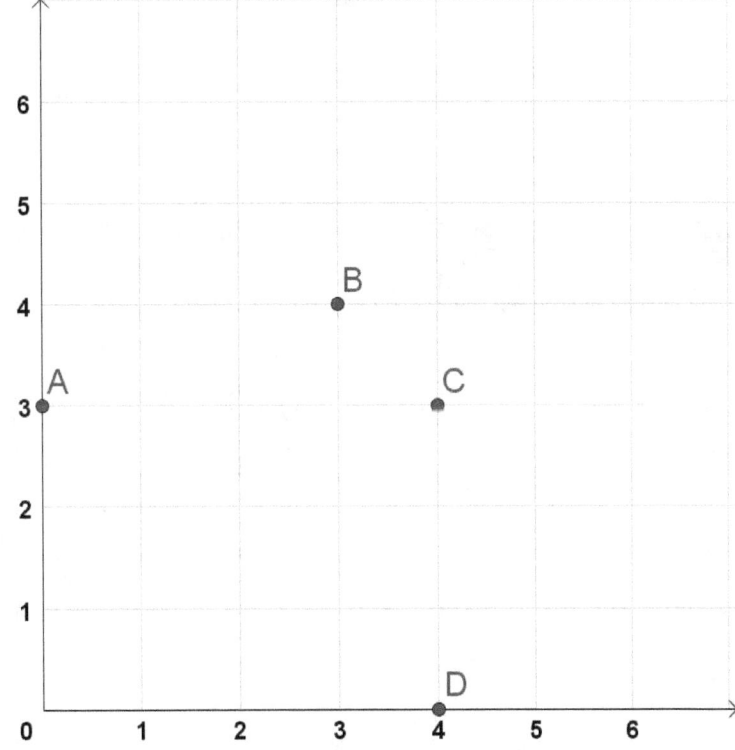

☐ A. Il punto A.
☐ B. Il punto B.
☐ C. Il punto C.
☐ D. Il punto D.

PUNTEGGIO:

PROVA C

C12) Quale figura è la simmetrica di F, rispetto a r?

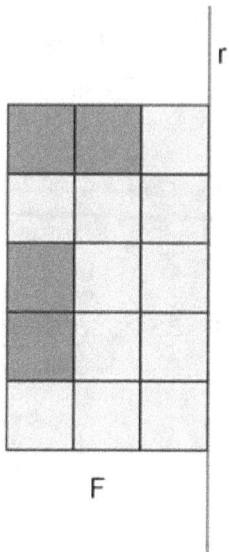

F

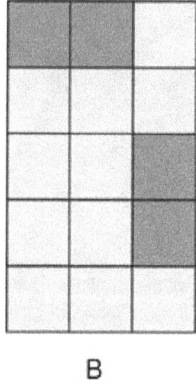
A □

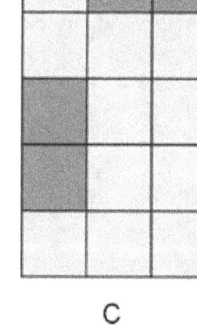
B □

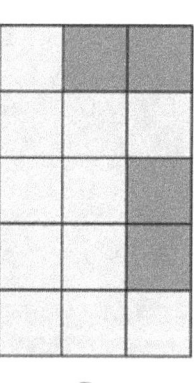
C □

D □

PUNTEGGIO:

C13) Completa l'operazione con il fattore mancante!

$$23{,}2 \cdot \underline{} = 129{,}92$$

PUNTEGGIO:

PROVA C

C14) Corrado incolla l'ultimo disegno di Laura, di forma rettangolare di dimensioni 22 cm x 15 cm, su un cartoncino color panna. Attorno al disegno resta una cornice larga 3 cm, come vedi in figura (non in scala).

A) Quali sono le dimensioni del cartoncino usato da Corrado?

☐ A. 28 cm x 21 cm.

☐ B. 25 cm x 21 cm.

☐ C. 28 cm x 18 cm.

☐ D. 25 cm x 18 cm.

B) Se Laura vuole ingrandire il disegno in modo che abbia dimensioni 1,10 m x 0,75 m, qual è il corretto fattore di scala che deve utilizzare?

☐ A. 2 : 1

☐ B. 5 : 1

☐ C. 20 : 1

☐ D. 50 : 1

PROVA C

C15) Per ciascuna uguaglianza in tabella, stabilisci se è vera oppure falsa.

	Uguaglianza	V	F
A	$\sqrt{3} + \sqrt{2} = \sqrt{5}$	☐	☐
B	$\sqrt{3+2} = \sqrt{5}$	☐	☐
C	$\sqrt{3^2} + \sqrt{2^2} = 5$	☐	☐
D	$\sqrt{3^2 + 2^2} = 5$	☐	☐

PUNTEGGIO:

C16) Una squadra di 5 operai impiega 24 giorni per installare un nuovo parco giochi. Se, con gli stessi ritmi di lavoro, ci fossero a lavorare 8 operai, quanti giorni impiegherebbero a finire lo stesso lavoro?

☐ A. 8

☐ B. 15

☐ C. 24

☐ D. Nessuno dei precedenti valori è corretto.

PUNTEGGIO:

C17) Quizzetto lampo: *Quanto vale la terza parte del doppio del cubo di 3?*

Risposta: ____

PUNTEGGIO:

C18) Il treno di Francesco è arrivato a destinazione con 116 minuti di ritardo. Le regole per ottenere l'eventuale rimborso sono le seguenti:

- se il ritardo è inferiore a mezz'ora non vi è alcun rimborso;
- se il ritardo è compreso tra mezz'ora e un'ora viene rimborsata la metà del costo del biglietto;
- se il ritardo è compreso tra un'ora e due ore viene rimborsato l'intero biglietto;
- se il ritardo è maggiore di due ore viene rimborsato il biglietto e viene rilasciato un buono sconto da usare in un viaggio successivo.

PROVA C

A) Francesco viene rimborsato?

☐ Sì   ☐ No

B) Se lo riceve, quale tipo di rimborso ottiene? Sia che lo riceva, sia che non lo riceva, spiega il procedimento da te adottato per giungere alla conclusione.

_____

_____

_____

PUNTEGGIO:

C19) In due di queste figure è stata colorata la stessa percentuale di area. Quali sono?

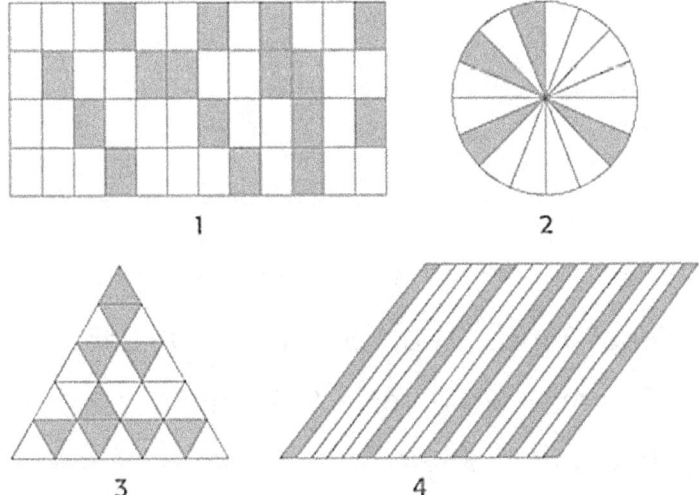

☐ A.   1 e 3.
☐ B.   3 e 4.
☐ C.   2 e 4.
☐ D.   1 e 4.

PUNTEGGIO:

PROVA C

C20) Nei primi 5 giorni della settimana delle vacanze Matilde ha speso in media 60 euro al giorno. Quali possono essere state le spese effettive in ciascuno dei 5 giorni?

☐ A. € 60, € 70, € 80, € 80, € 60.

☐ B. € 30, € 60, € 60, € 60, € 70.

☐ C. € 60, € 70, € 50, € 50, € 70.

☐ D. € 60, € 70, € 60, € 60, € 80.

PUNTEGGIO:

C21) Quale di queste frazioni equivale al numero decimale $0,0\overline{6}$?

☐ A. $\frac{6}{100}$

☐ B. $\frac{3}{5}$

☐ C. $\frac{2}{3}$

☐ D. $\frac{1}{15}$

PUNTEGGIO:

C22) Per ottenere la superficie di 1 hm² devo sommare:

☐ A. 800.000 m² + 100.000 dm² + 100 dam².

☐ B. 3.500 m² + 25 dam² + 0,4 hm².

☐ C. 6.000 dm² + 350 m² + 0,5 hm².

☐ D. 5.000 m² + 25 dam² + 250.000.000 mm².

PUNTEGGIO:

PROVA C

C23) Quali di queste figure ha più assi di simmetria rispetto alle altre?

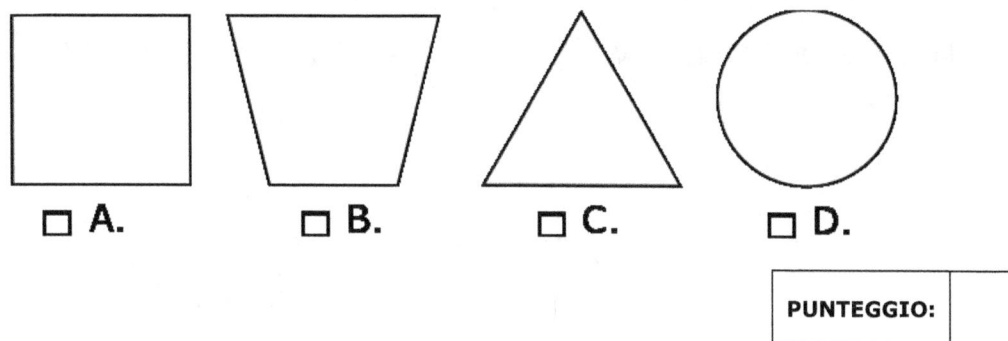

☐ A.   ☐ B.   ☐ C.   ☐ D.

PUNTEGGIO:

C24) Paola è stata da poco a Barcellona per uno scambio culturale. Ha conservato la mappa della metropolitana, eccola:

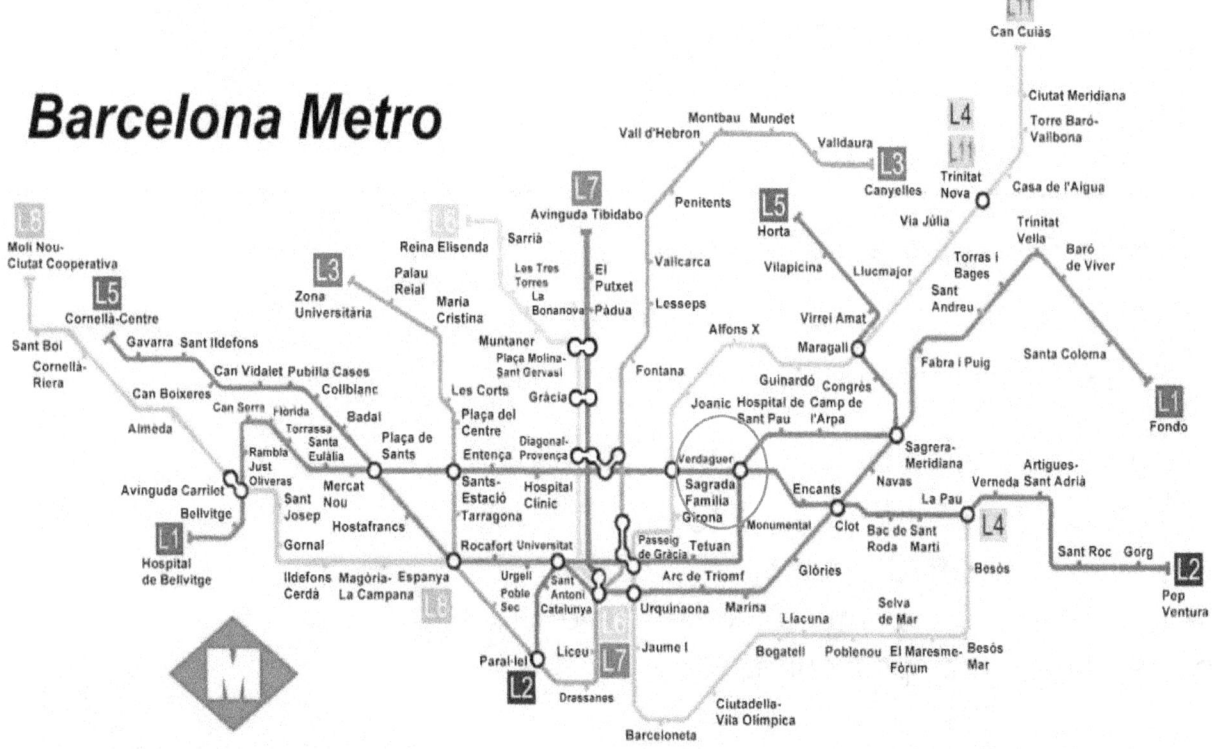

Paola alloggiava nella zona universitaria, al capolinea della linea L3. Quante fermate le sono occorse, come minimo, per poter arrivare alla Sagrada Familia?

☐ A. 8   ☐ B. 10   ☐ C. 13   ☐ D. 15

PUNTEGGIO:

PROVA C

HAI TERMINATO LA PROVA!

SE HAI ANCORA DEL TEMPO, RILEGGI E RIGUARDA I QUESITI...

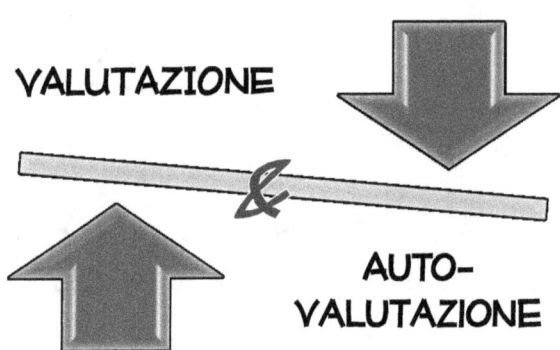

Da compilare <u>prima</u> della correzione e della valutazione!

AUTOVALUTAZIONE

Gli esercizi della prova erano:

☐ semplici;   ☐ della giusta difficoltà;

☐ impegnativi;   ☐ difficili.

Ho trovato maggiori difficoltà (anche più risposte):

☐ nella comprensione del testo;
☐ nell'esecuzione dei calcoli;
☐ nel sapere che formule/regole usare;
☐ nel tempo a disposizione.

PROVA C

Credo di aver fatto meglio gli esercizi (anche più risposte):

☐ di calcolo numerico;
☐ di geometria;
☐ di logica e intuizione;
☐ relativi a grafici, tabelle ed equivalenze.

Ho trovato particolarmente belli e/o originali e/o divertenti gli esercizi:

_____

_____

* * *

VALUTAZIONE 1:

VALUTAZIONE 2:

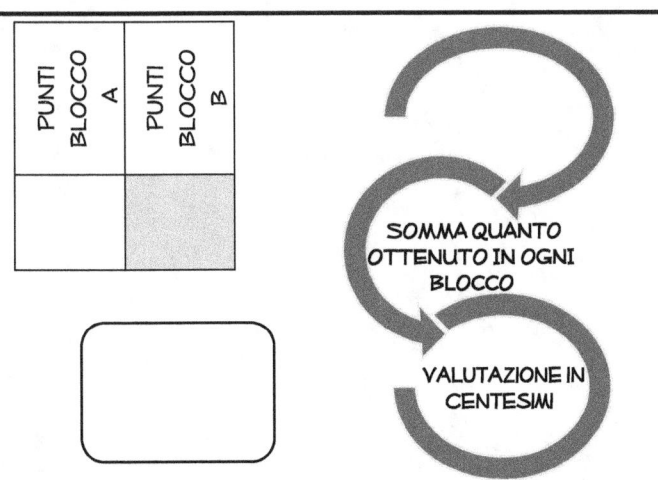

BLOCCO A	CONVERSIONE
0	0
DA 1 A 4	20
DA 5 A 8	30
DA 9 A 12	40
DA 13 A 15	50
16 O 17	60
BLOCCO B	CONVERSIONE
0	0
DA 1 A 3	5
4 O 5	10
6 O 7	20
8 O 9	30
10 O 11	40

PROVA C

VALUTAZIONE 3: COMPETENZE

NUCLEO TEMATICO	QUESITI AFFERENTI	PUNTI TOTALIZZATI	LIVELLO RAGGIUNTO
NUMERI	C1, C6, C8, C10, C13, C15, C17, C21	/8	
SPAZIO & FIGURE	C3, C5, C7, C12, C14, C23, C24	/9	
RELAZIONI & FUNZIONI	C2, C16, C18, C19	/6	
MISURE, DATI & PREVISIONI	C4, C9, C11, C20, C22	/5	

<u>Livelli</u>: iniziale, base, intermedio, avanzato.

PROVA D

TEMPO A DISPOSIZIONE: 75 MINUTI   ITEMS: 36

D1) Per piastrellare una parete larga 3,6 m e alta 200 cm si utilizzano piastrelle quadrate di area 400 cm². Quante piastrelle verranno utilizzate?

☐ A. 9

☐ B. 18

☐ C. 180

☐ D. 1800

PUNTEGGIO:

D2) Inserisci sulla retta orientata i seguenti numeri:

$$\sqrt[3]{8};\ \frac{3}{3};\ \frac{4}{16};\ 1{,}75.$$

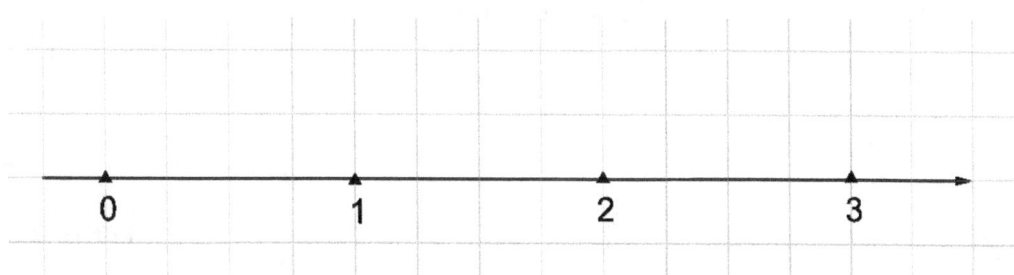

PUNTEGGIO:

⊗ Si consiglia di svolgerla nel 2° Quadrimestre.

PROVA D

D3) Osserva il diagramma qui sotto che rappresenta la relazione tra due grandezze x e y.

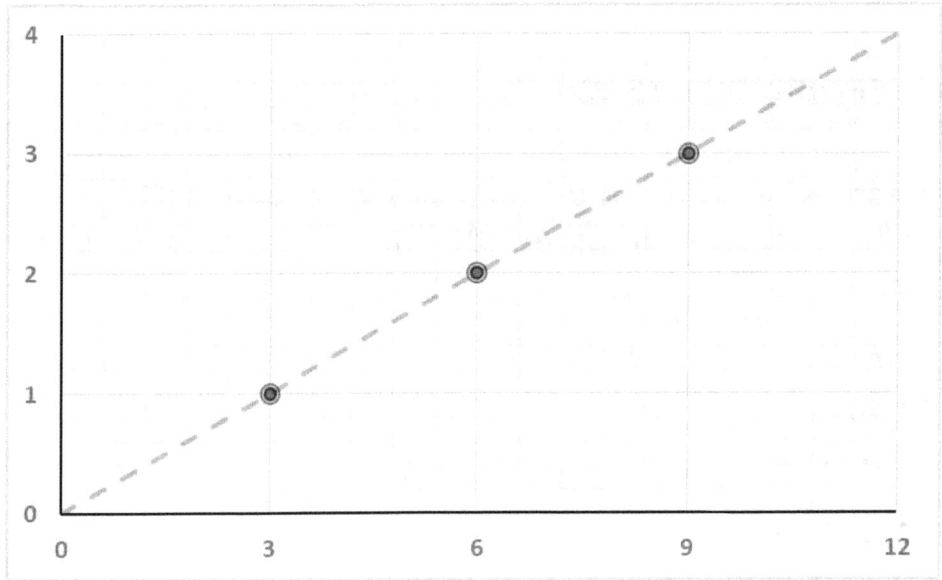

A) Si tratta di grandezze

☐ direttamente proporzionali.

☐ inversamente proporzionali.

B) La costante di proporzionalità vale:

☐ A. 1

☐ B. 3

☐ C. $\frac{1}{3}$

☐ D. $\frac{1}{9}$

PROVA D

D4) La figura che vedi qua sotto è composta da 9 quadrati. Il perimetro del quadrato più grosso, quello grigio scuro, vale 24 cm.

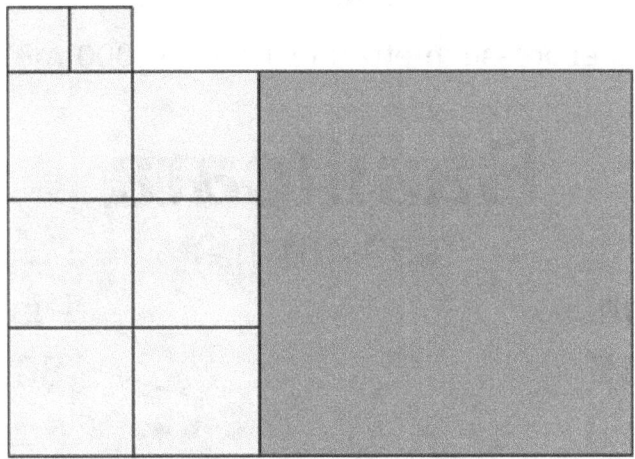

A) Quanto misura l'area dell'intera figura?

- ☐ A. 24 cm²
- ☐ B. 52 cm²
- ☐ C. 62 cm²
- ☐ D. 60 cm²

B) Spiega il ragionamento o il calcoli da te fatti per giungere al risultato.

_____

_____

_____

_____

PUNTEGGIO:

D5) Gli areogrammi in figura si riferiscono all'altimetria, ossia alla distribuzione del territorio in altezza (pianura, collina, montagna), relativi alla regione Basilicata e all'Italia.

Le misure sono espresse in ettari (1 ha = 10.000 m²).

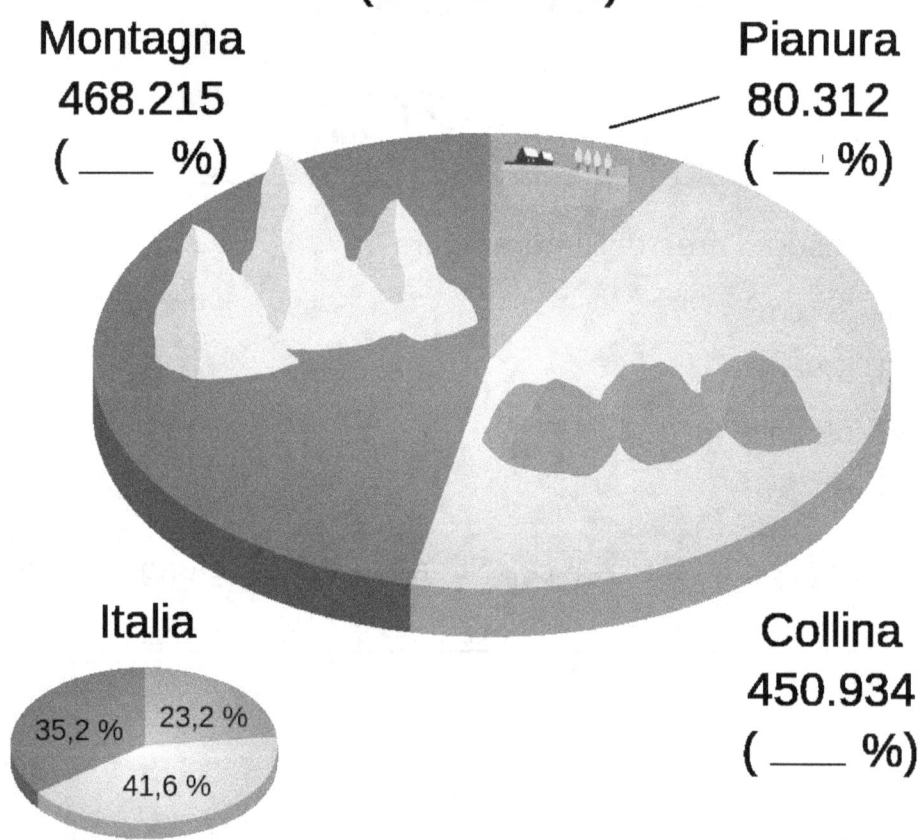

PROVA D

A) Stabilisci per ognuna delle affermazioni in tabella se è vera oppure falsa.

Affermazione	V	F
La Basilicata è più montuosa rispetto alla media delle regioni italiane.		
La Basilicata ha più territorio collinare rispetto alla media delle regioni italiane.		
La Basilicata ha più pianura rispetto alla media delle regioni italiane.		
La Basilicata ha una superficie di circa 10.000 km^2.		

B) Quali potrebbero essere i valori delle percentuali che completano correttamente il grafico?

☐ A. Montagna 46,9% - Pianura 8,0% - Collina 45,1%.

☐ B. Montagna 55,2% - Pianura 12,0% - Collina 32,8%.

☐ C. Montagna 33,3% - Pianura 6,6% - Collina 60,1%.

☐ D. Montagna 45,0% - Pianura 10,0% - Collina 45,0%.

PUNTEGGIO:

D6) Completa l'operazione con il numero mancante:

200 : _____ = 2000

PUNTEGGIO:

D7) Osserva la figura: sai dire quanto valgono le aree mancanti dei due quadrati?

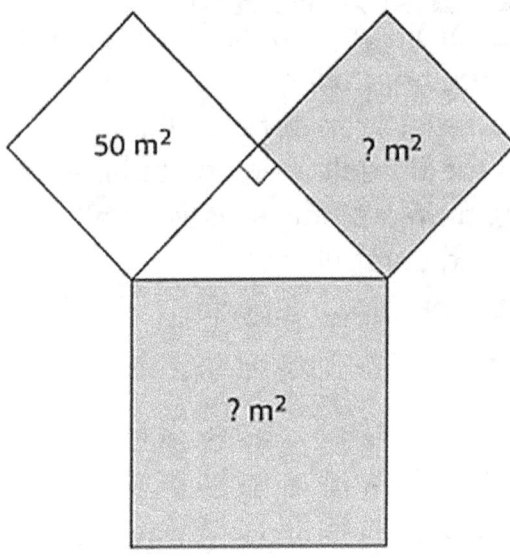

☐ Sì, esse valgono: _____ m² e _____ m².

☐ No, in quanto _____

_____

PUNTEGGIO:

D8) Quale tra le seguenti non è una proporzione?

☐ A. $15 : 10 = 12 : 8$

☐ B. $\frac{7}{12} : \frac{13}{18} = \frac{9}{13} : \frac{6}{7}$

☐ C. $\frac{1}{5} : \frac{6}{20} = \frac{1}{3} : \frac{3}{4}$

☐ D. $\frac{2}{3} : \frac{5}{7} = \frac{7}{5} : \frac{3}{2}$

PUNTEGGIO:

PROVA D

D9) Simone è uno scout e deve imparare a usare bene le mappe topografiche.

In questo momento sta consultando una mappa in scala 1 : 25.000 e misura col righello una distanza di 4 cm tra il punto in cui si trova e il rifugio che deve raggiungere. Quanta strada deve percorrere Simone?

- ☐ A. 2 km
- ☐ B. 8 km
- ☐ C. 1 km
- ☐ D. 10 km

PUNTEGGIO:

D10) Quizzetto di logica:

A) *Quale numero va scritto per proseguire correttamente la sequenza?*

$$8 \to 14 \to 26 \to 50 \to 98 \to \underline{\quad}$$

B) Spiega la regola che lega ciascun numero al precedente:

_____

_____

PUNTEGGIO:

PROVA D

D11) Nel quadrato ABCD sono stati uniti i punti medi E del lato AB e G del segmento FB, per formare il triangolo EFG.

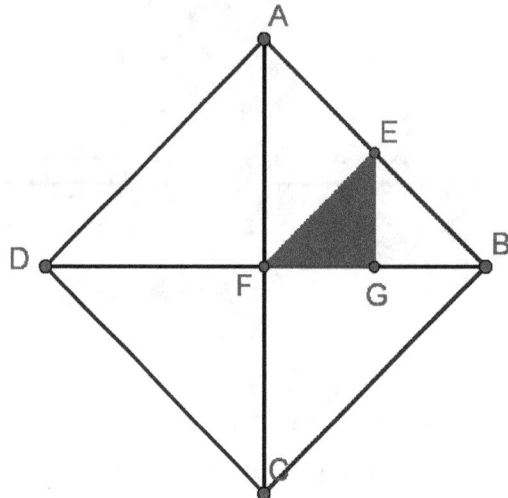

A) Quanti triangoli congruenti a EFG sono necessari per ricoprire l'intero quadrato di partenza?

Risposta: _____ triangoli.

B) Il triangolo EFG è simile al triangolo ABF?

☐ Sì, perché _____

_____

_____

☐ No, perché _____

_____

_____

PUNTEGGIO:

PROVA D

D12) Arianna e Lucia partono dalla stessa città per raggiungere una località di montagna. Arianna afferma che viaggiando ad una velocità media di 80 km/h impiegherà esattamente 6 ore. Quante ore impiegherà Lucia se viaggia a una velocità media di 120 km/h?

- ☐ A. 3 ore.
- ☐ B. 5 ore.
- ☐ C. 2 ore.
- ☐ D. 4 ore.

PUNTEGGIO:

D13) Filippo prende in mano un calendario, di un anno non bisestile, e fa alcune deduzioni, a partire dal fatto che il 1° Febbraio è venerdì.

A) Che giorno sarà il 1° marzo?

- ☐ A. Venerdì.
- ☐ B. Sabato.
- ☐ C. Martedì.
- ☐ D. Mercoledì.

B) Che giorno era il 1° gennaio?

- ☐ A. Venerdì.
- ☐ B. Sabato.
- ☐ C. Martedì.
- ☐ D. Mercoledì.

C) Quanti venerdì ci saranno in tutto l'anno?

- ☐ A. 12
- ☐ B. 50
- ☐ C. 52
- ☐ D. 53

PUNTEGGIO:

PROVA D

D14) Quali tra le seguenti coppie di frazioni non sono equivalenti?

- A. $\frac{25}{15}$ e $\frac{5}{3}$.
- B. $\frac{1}{2}$ e $\frac{5}{10}$.
- C. $\frac{10}{36}$ e $\frac{4}{9}$.
- D. $\frac{9}{16}$ e $\frac{3}{4}$.

PUNTEGGIO:

D15) Per una crociera di 15 giorni con 280 persone a bordo viene imbarcata la sufficiente quantità di viveri; se prima di partire si ritirano 80 persone, per quanti giorni potrebbero bastare i viveri?

- A. 20
- B. 21
- C. 22
- D. 18

PUNTEGGIO:

D16) Francesca ha la sensazione che possa risolvere questa espressione senza fare troppi calcoli...

$$\left[\left(\frac{1}{2}\right)^5 \cdot \left(\frac{2}{3}\right)^5\right]^2 : \left(\frac{1}{3}\right)^8 =$$

Quale è il risultato dell'espressione di Francesca?

- A. $\frac{1}{3}$
- B. $\frac{1}{9}$
- C. $\frac{1}{27}$
- D. 1

PUNTEGGIO:

PROVA D

D17) Di un parallelogramma conosci le misure che, nella figura, sono indicate con una lettera. Quali di esse è inutile ai fini di determinare l'area?

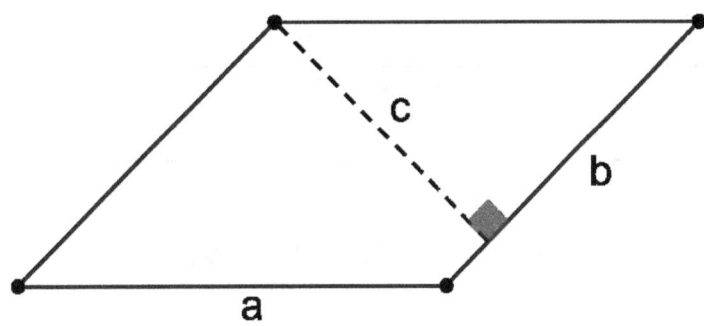

- ☐ A. a
- ☐ B. b
- ☐ C. c
- ☐ D. nessuna, servono tutte.

PUNTEGGIO:

D18) Nell'immagine vedi Giuliano, un lampione e le loro ombre proiettate sul terreno.

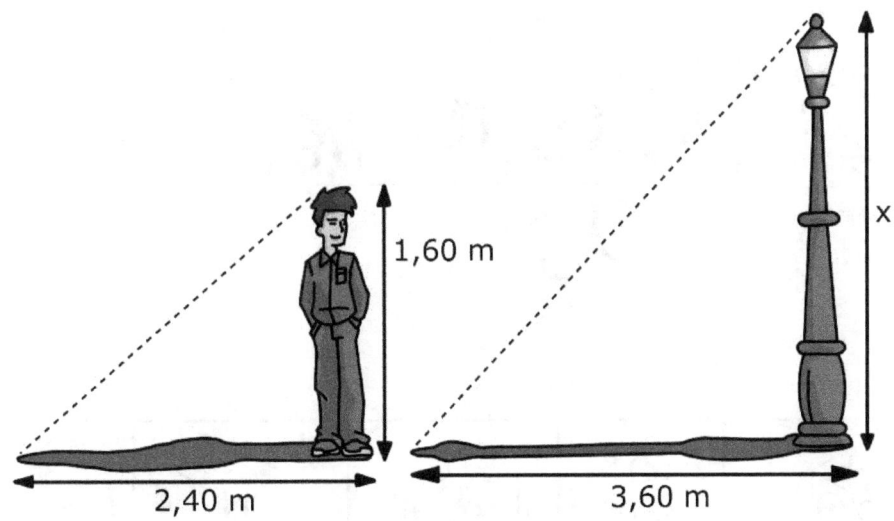

A) Quanto è alto il lampione?

Risposta: _____

B) Scrivi i calcoli e il procedimento che hai fatto per giungere alla risposta:

_____

_____

PUNTEGGIO:

D19) Quale numero ha lo stesso valore di 5,69?

☐ A. 5,069

☐ B. 5,690

☐ C. 5,609

☐ D. 5,7

PUNTEGGIO:

D20) Ecco lo sviluppo di un cubo. Piegando la figura si ottiene uno solo dei cubi che vedi sotto. Quale?

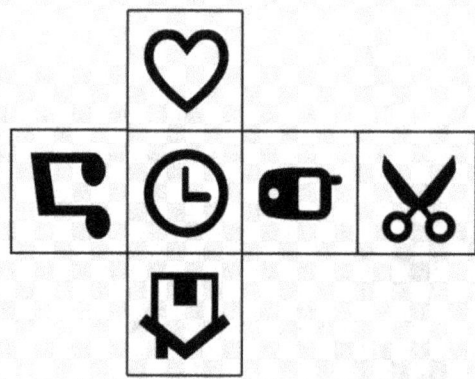

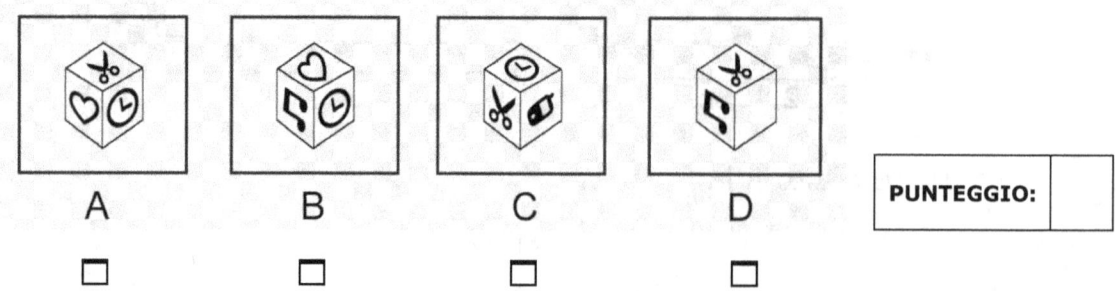

A ☐   B ☐   C ☐   D ☐

PUNTEGGIO:

PROVA D

D21) Un insieme di dati è costituito da questi quattro valori:

120; 100; 60; 40.

A questi dati se ne aggiunge un altro e si calcola la media aritmetica. Così facendo si trova il numero 100. Qual è il valore del dato che è stato aggiunto?

☐ A. 90
☐ B. 64
☐ C. 180
☐ D. 160

PUNTEGGIO:

D22) Osserva la figura. Quali figure sono simili tra loro?

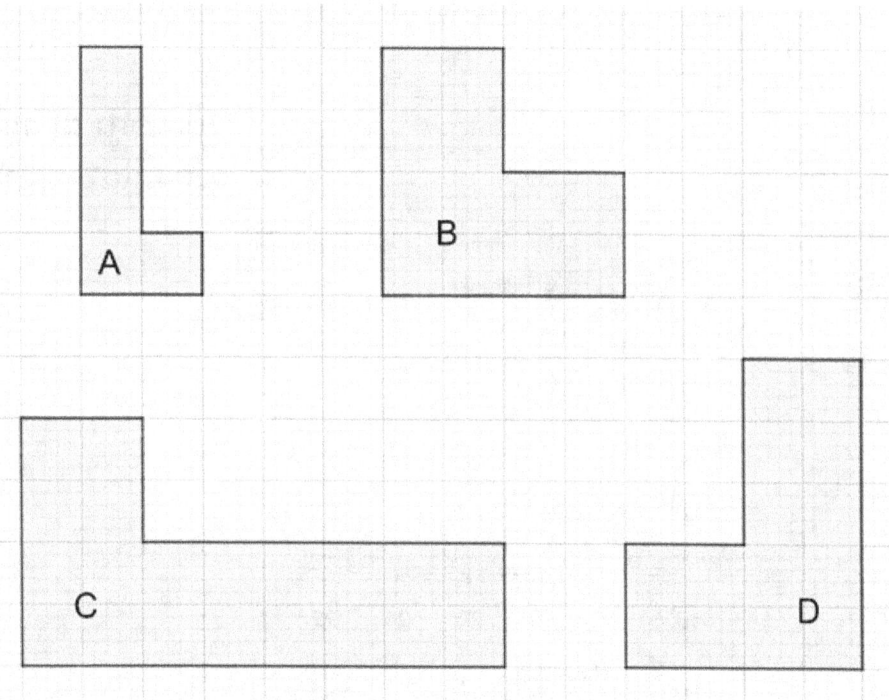

☐ A. La A e la B.
☐ B. La B e la C.
☐ C. La C e la D.
☐ D. La A e la C.

PUNTEGGIO:

PROVA D

D23) Una lega per saldatura si ottiene combinando 1,53 kg di piombo con 2,97 kg di stagno. Qual è la percentuale dei due metalli nella lega?

☐ A. Piombo 34%, stagno 66%.

☐ B. Piombo 60%, stagno 40%.

☐ C. Piombo 17%, stagno 33%.

☐ D. Piombo 50%, stagno 50%.

PUNTEGGIO:

D24) La guardia forestale di un Parco Nazionale ha censito gli alberi presenti in base all'altezza. Questo è l'istogramma che raccoglie i dati raccolti.

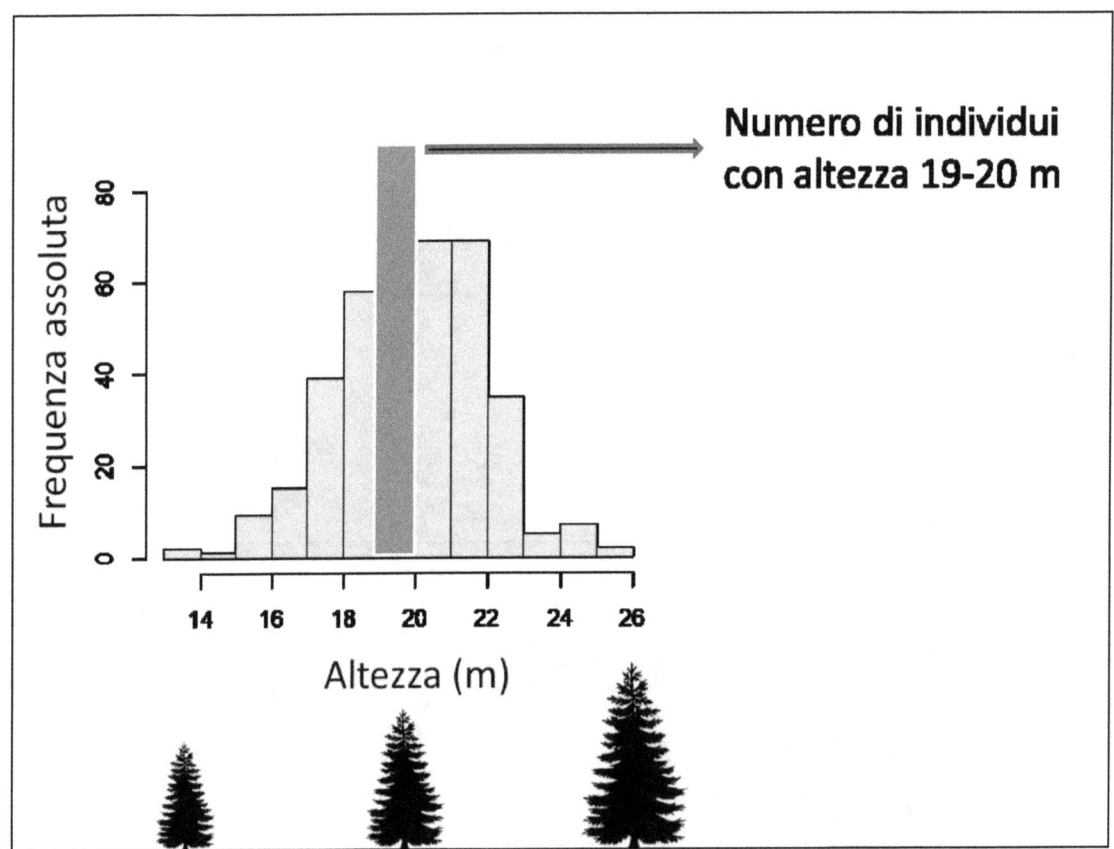

PROVA D

Indica quali affermazioni sono vere e quali false:

Affermazione	V	F
Meno di 10 alberi hanno altezza inferiore a 15 metri.		
Gli alberi alti più di 23 metri sono circa 70.		
Dal grafico non è possibile determinare quanti sono gli alberi alti 25 metri.		
Gli alberi alti più di 20 metri sono più di 150.		

PUNTEGGIO:

D25) I triangoli in figura sono congruenti. Sono indicate le misure di alcuni lati e di alcuni angoli.

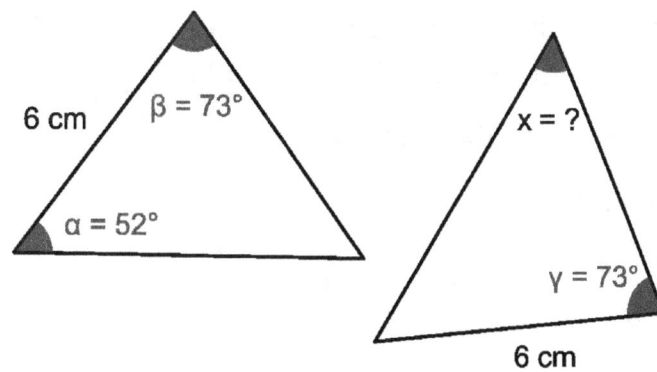

A) Qual è il valore dell'angolo indicato con x?

_____ °

81

PROVA D

B) Giustifica la tua risposta:

_____

_____

_____

PUNTEGGIO:

D26) Un cuoco sostiene che la porzione ideale di pasta per una persona sia di 90 g. Le confezioni di pasta per ristoranti da lui utilizzate sono da 6 kg l'una.

A) Qual è il rapporto tra una singola porzione e l'intera confezione?

☐ A. $\frac{3}{200}$

☐ B. $\frac{200}{30}$

☐ C. $\frac{3}{20}$

☐ D. $\frac{2}{3}$

B) Se il cuoco cucina prepara sempre porzioni da 90 g, quanta pasta gli avanzerà da ogni sacchetto da 6 kg?

☐ A. non gli avanza pasta.

☐ B. 66 g

☐ C. 60 g

☐ D. 75 g

PUNTEGGIO:

PROVA D

HAI TERMINATO LA PROVA!

SE HAI ANCORA DEL TEMPO, RILEGGI E RIGUARDA I QUESITI...

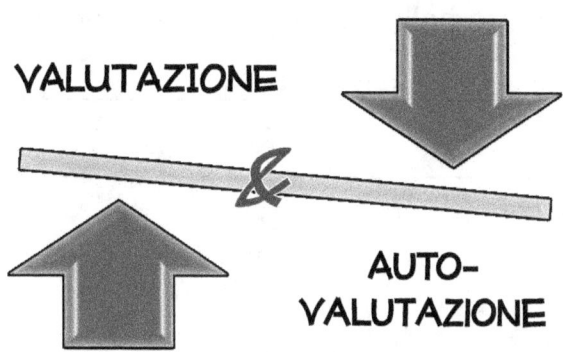

Da compilare <u>prima</u> della correzione e della valutazione!

AUTOVALUTAZIONE

Gli esercizi della prova erano:

☐ semplici;   ☐ della giusta difficoltà;

☐ impegnativi;   ☐ difficili.

Ho trovato maggiori difficoltà (anche più risposte):

☐ nella comprensione del testo;
☐ nell'esecuzione dei calcoli;
☐ nel sapere che formule/regole usare;
☐ nel tempo a disposizione.

PROVA D

Credo di aver fatto meglio gli esercizi (anche più risposte):

- ☐ di calcolo numerico;
- ☐ di geometria;
- ☐ di logica e intuizione;
- ☐ relativi a grafici, tabelle ed equivalenze.

Ho trovato particolarmente belli e/o originali e/o divertenti gli esercizi:

_____

_____

* * *

VALUTAZIONE 1:

VALUTAZIONE 2:

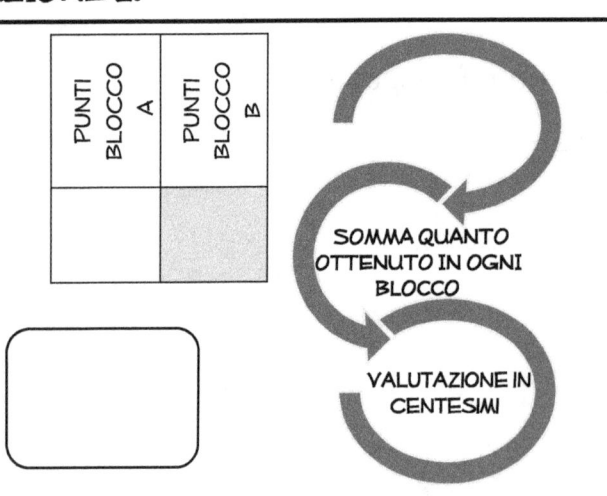

BLOCCO A	CONVERSIONE
0 O 1	0
DA 2 A 6	20
DA 7 A 10	30
DA 11 A 14	40
DA 15 A 18	50
DA 19 A 21	60
BLOCCO B	CONVERSIONE
0	0
DA 1 A 3	5
DA 4 A 6	10
DA 7 A 9	20
DA 10 A 12	30
DA 13 A 15	40

PROVA D

VALUTAZIONE 3: COMPETENZE

NUCLEO TEMATICO	QUESITI AFFERENTI	PUNTI TOTALIZZATI	LIVELLO RAGGIUNTO
NUMERI	D2, D6, D8, D14, D16, D19, D23, D26A	/8	
SPAZIO & FIGURE	D1, D4, D7, D11, D17, D20, D22, D25	/11	
RELAZIONI & FUNZIONI	D3, D10, D12, D15, D18, D26B	/9	
MISURE, DATI & PREVISIONI	D5, D9, D13, D21, D24	/8	

<u>Livelli</u>: iniziale, base, intermedio, avanzato.

PROVA E

TEMPO A DISPOSIZIONE: 75 MINUTI   ITEMS: 36

E1) L'ONU considera la Terra suddivisa in questi 5 continenti: Asia, Africa, America, Europa, Oceania. Di essi ha fornito nel 2018 i dati riportati in tabella:

Continente	Superficie (kmq)	Popolazione (2018)	N° Stati
Oceania	8.525.989	41.027.678	14
Europa	10.300.734	739.495.014	48
Africa	30.221.532	1.277.292.130	54
America	42.549.000	982.826.823	35
Asia	44.579.000	4.519.451.671	51

Per ogni affermazione stabilisci se è vera oppure falsa.

Affermazione	V	F
L'Africa è il continente con il maggior numero di stati e con più popolazione.		
Metà della popolazione mondiale vive in Asia.		
L'America è il continente con la densità di popolazione (rapporto tra popolazione e superficie) più elevato.		
L'Oceania è il continente dove gli Stati hanno, in media, una superficie maggiore.		

PUNTEGGIO:

⊗ Si consiglia di svolgerla nel 2° Quadrimestre.

PROVA E

E2) Stabilisci quanto vale il termine incognito di questa proporzione:

$$x : \frac{3}{8} = \frac{2}{15} : \frac{1}{2}$$

- ☐ A. $\frac{1}{10}$
- ☐ B. $\frac{1}{40}$
- ☐ C. $\frac{1}{20}$
- ☐ D. $\frac{8}{45}$

PUNTEGGIO:

E3) In un supermercato c'è una offerta per la scuola! Uno zaino viene venduto a 36 € anziché 45 €, una cartella-trolley viene venduta a 42 € anziché 56 €. Quale tra le seguenti affermazioni è vera?

- ☐ A. Lo zaino ha avuto maggior sconto rispetto alla cartella-trolley.
- ☐ B. La cartella trolley ha avuto uno sconto del 75%.
- ☐ C. lo zaino ha avuto uno sconto del 20%.
- ☐ D. Lo zaino ha avuto uno sconto superiore al 50%.

PUNTEGGIO:

E4) Geppetto è in coda all'Ufficio Postale insieme ad altre 15 persone. Geppetto è il terz'ultimo quando, all'improvviso, la quarta persona della fila se ne va via. Quante persone ha ancora davanti a sé Geppetto?

_____ persone.

PUNTEGGIO:

E5) Quanti assi di simmetria ha il seguente cartello stradale?

☐ A. 1

☐ B. 2

☐ C. 3

☐ D. 4

E6) Quale fra le seguenti leggi individua una proporzionalità diretta?

☐ A. $y = \frac{25}{x}$.

☐ B. $x \cdot y = 5$.

☐ C. $\frac{x}{y} = 5$.

☐ D. Nessuna delle tre leggi.

E7) Con 4,5 litri di succo di frutta si riempiono 15 bicchieri. Quanti decilitri di succo saranno contenuti in ciascun bicchiere se il livello è lo stesso in tutti i bicchieri?

_____ dl.

PROVA E

E8) Quale sequenza corrisponde all'ordinamento in senso crescente delle seguenti quantità?

a: due quinti di $\frac{1}{2} kg$.

b: la metà dei $\frac{3}{5}$ di $1\ kg$.

c: $1\ kg$ aumentato di $\frac{3}{4}$ di kg.

d: i $\frac{7}{10}$ di kg aumentati di $330\ g$.

☐ A. $a < b < c < d$
☐ B. $a < b < d < c$
☐ C. $b < a < c < d$
☐ D. $b < a < d < c$

PUNTEGGIO:

E9) Qual è il risultato corretto di questa operazione?

$$3 - 0,\overline{2} = ?$$

☐ A. $2,\overline{8}$
☐ B. $2,\overline{7}$
☐ C. $2,7\overline{8}$
☐ D. $2,8$

PUNTEGGIO:

E10) In quale delle seguenti tabelle le grandezze x e y sono inversamente proporzionali?

A.

x	5	6	8	10
y	8	9	11	13

B.

x	2	6	$\frac{1}{2}$	$\frac{2}{3}$
y	1	$\frac{1}{3}$	4	3

C.

x	4	2	8	$\frac{4}{3}$
y	1	$\frac{1}{2}$	2	$\frac{1}{3}$

D.

x	4	6	8	9
y	8	6	4	13

PUNTEGGIO:

E11) Quale percentuale corrisponde alla frazione $\frac{22}{580}$?

- A. 58%
- B. 5%
- C. 2,9%
- D. 0,5%

PUNTEGGIO:

PROVA E

E12) Considera la seguente figura:

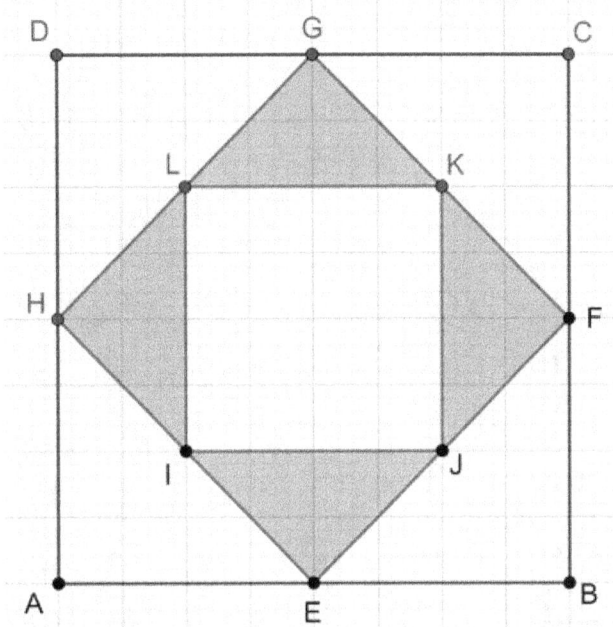

A) Quale frazione del quadrato ABCD rappresenta la parte in grigio?

☐ A. $\frac{1}{4}$

☐ B. $\frac{4}{5}$

☐ C. $\frac{4}{9}$

☐ D. $\frac{1}{8}$

B) Quale percentuale di superficie di ABCD è occupata dal quadrato IJKL?

☐ A. 25 %.

☐ B. 50 %.

☐ C. 35 %.

☐ D. 75 %.

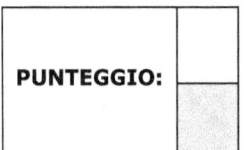

PROVA E

E13) In quale tra i seguenti casi i segmenti AB e A'B' sono simmetrici rispetto alla retta r?

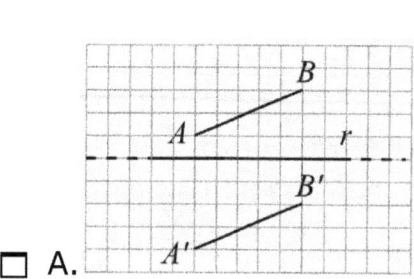
☐ A.

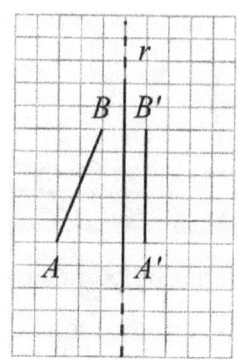
☐ C.

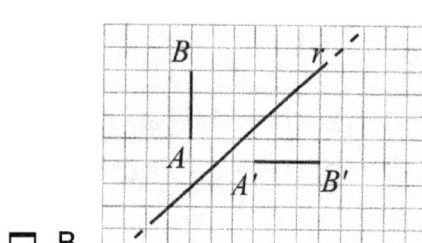
☐ B.

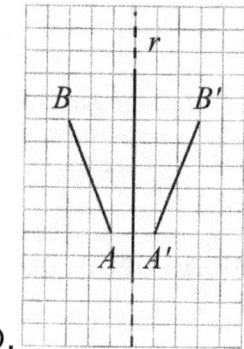
☐ D.

PUNTEGGIO:	

PROVA E

E14) Stefano sta consultando l'orario mattutino delle corriere della linea Pontedecimo-Campomorone - Isoverde con diramazioni per Cravasco, Gaiazza, Sareto, Lencisa, S.Martino, Caffarella, Pietralavezzara.

	ES				ES				ES							
PONTEDECIMO F.S.	5.40	5.40	6.00	6.10	6.35	6.50	7.00	7.30	8.10	8.40	9.10	9.45	10.05	10.25		10.55
PONTEDECIMO PIAZZA	5.42	5.42	6.02	6.12	6.37	6.52	7.02	7.32	8.12	8.42	9.12	9.47	10.07	10.27		10.57
CAMPOMORONE	5.50	5.50	6.10	6.20	6.45	7.00	7.10	7.40	8.20	8.50	9.20	9.55	10.15	10.35	10.35	11.05
PONTE FERRIERA	5.52	5.52	6.12	6.22	6.47	7.02	7.12	7.42	8.22	8.52	9.22	9.57	10.17	10.37	10.37	11.07
LANGASCO			6.18			7.18				8.58				10.43		
PIETRALAVEZZARA			6.25			7.25				9.05				10.50		
PONTASSO	5.55			6.15		7.05			8.25							
GAIAZZA				6.25		7.15				8.55			10.00		10.40	
SARETO						7.25				9.05					10.50	
GAZZOLO	5.58					7.08			8.28				10.03			
TORBI										9.12						
LENCISA						7.15			8.35				10.10			
S.MARTINO DI PAR.	6.05					7.20										
CAFFARELLA	6.10															
CAMPORA		5.55		6.25	6.50		7.45		8.25		9.25		10.20			11.10
ISOVERDE		6.00		6.30	6.55		7.50		8.30		9.30		10.25			11.15
CRAVASCO					7.10											

ES=CORSA ESCLUSO SABATO

A) È mercoledì e Stefano si trova a Campomorone e deve andare a Pietralavezzara: quante corse ha a disposizione nella mattinata?

☐ A. 1
☐ B. 4
☐ C. 16
☐ D. 20

B) È sabato e Stefano si trova a Campomorone. Sono le 6.30. Quanti minuti deve aspettare la prima corriera disponibile per arrivare a Isoverde?

_____ minuti.

C) È lunedì e Stefano si trova sempre a Campomorone. Quale è la percentuale di corse che fermano a Gazzolo tra quelle presenti?

☐ A. 4%
☐ B. 12%
☐ C. 20%
☐ D. 60%

PROVA E

D) È giovedì, Stefano nota con disappunto che ci sono alcune località che da Campomorone non può raggiungere con la corriera, almeno non nella mattinata. Quante sono?

_____ località.

E15) Quale di questi numeri è maggiore di $7,\overline{35}$?

- ☐ A. $7,3534$
- ☐ B. $7,3\overline{52}$
- ☐ C. $7,3\overline{5}$
- ☐ D. $7,\overline{035}$

E16) Indovinello: *"Ho esattamente due angoli retti, esattamente due lati paralleli ed esattamente due diagonali. Chi sono?"*

Risposta: _____

E17) Nella classe di Elena si sta parlando di figure simili... Queste le posizioni che sostengono alcuni compagni:

Giorgio: "Due triangoli rettangoli sono sempre simili!"

Annalisa: "Due triangoli isosceli sono sempre simili!"

Elena: "Un triangolo rettangolo con un angolo acuto di 40° è simile a un triangolo rettangolo con un angolo acuto di 50°."

Lorenzo: "Due triangoli isosceli con lo stesso angolo al vertice sono sempre simili."

Chi ha ragione?

- ☐ A. Tutti e quattro.
- ☐ B. Elena e Lorenzo.
- ☐ C. Solo Lorenzo.
- ☐ D. Annalisa e Lorenzo.

PUNTEGGIO:

E18) Adam è alle prese con la ricetta per i "Gingerbread cookies", ossia i famosi Biscotti Pan di Zenzero. Nel riquadro vedi l'elenco degli ingredienti che gli ha mandato un amico via e-mail.

Nella credenza della sua cucina Adam possiede già tutte le spezie (zenzero, cannella, chiodi di garofano, noce moscata, sale) e in frigo ha una confezione intera da 6 uova e un paio di limoni. Deve invece procurarsi gli altri ingredienti.

PROVA E

PER CIRCA 35-40 BISCOTTI:	• 2 g di bicarbonato (2 cucchiaini rasi da caffè)	polvere
• 300 g di farina 00	• 2 g di zenzero in polvere	• 1 pizzico di sale
• 130 g di burro freddo di frigo	• 2 g di cannella in polvere	**PER LA GHIACCIA REALE:**
• 80 g di zucchero a velo	• 1 e 1/2 g di chiodi di garofano in polvere	• 1 albume
• 80 g di melassa (o miele scuro)	• 1 g di noce moscata in	• 150 g di zucchero a velo
• 1 tuorlo		• qualche goccia di succo di limone

A) Quali sono le giuste quantità che Adam deve acquistare se vuole preparare circa 110 biscotti?

☐ A. ½ kg di farina, 200 g di burro, 300 d di zucchero a velo e 200 g di melassa.

☐ B. 1 kg di farina, 400 g di burro, 700 g di zucchero a velo, 250 g di melassa.

☐ C. 1 kg di farina, 400 g di burro, 250 di zucchero a velo, 250 di melassa.

☐ D. 1,5 kg di farina, 500 g di burro, 600 g di zucchero a velo, 350 g di melassa.

B) Adam si è accorto che gli manca anche il bicarbonato: non avendolo acquistato, lo chiede al suo vicino di casa, Edoardo, che è sempre molto gentile. Adam ne vorrebbe 7 grammi, ma Edoardo non avendo una bilancia gli può dare solo qualche cucchiaio. Se un cucchiaio corrisponde a 3 cucchiaini e mezzo da caffè, quanti cucchiai di bicarbonato riceverà Adam da Edoardo?

_____ cucchiai.

PUNTEGGIO:

PROVA E

E19) Considera le affermazioni in tabella a riguardo, in generale, alcune proprietà dei poligoni. Determina per ciascuna se è vera oppure falsa.

Affermazione	V	F
Il numero di lati di un poligono è maggiore del numero di lati.		
Tutti i poligoni hanno almeno una diagonale.		
Un poligono equilatero è regolare.		
Il numero delle diagonali di un poligono si può determinare conoscendo il numero dei lati.		

PUNTEGGIO:

E20) Quizzetto logico: inserisci i numeri mancanti (entrambi di due cifre) nella ruota!

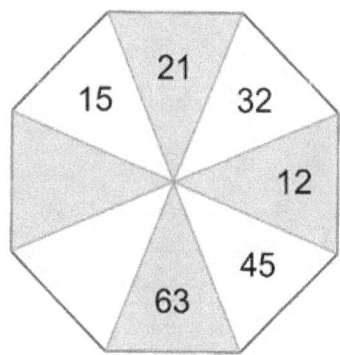

PUNTEGGIO:

E21) Inserisci tra le seguenti coppie di frazioni il simbolo corretto (=, <, >):

a. $\dfrac{6}{5}$ — $\dfrac{9}{5}$ b. $\dfrac{1}{4}$ — $\dfrac{1}{6}$ c. $\dfrac{6}{7}$ — $\dfrac{8}{5}$ d. $\dfrac{15}{3}$ — $\dfrac{10}{2}$

PUNTEGGIO:

PROVA E

E22) La capacità di una lattina e di una bottiglia sono rispettivamente di 33 cl e di 750 ml. Qual è il rapporto tra la capacità della bottiglia e la capacità della lattina?

☐ A. $\frac{750}{33}$

☐ B. $\frac{25}{11}$

☐ C. $\frac{11}{25}$

☐ D. $\frac{11}{150}$

PUNTEGGIO:

E23) Il trapezio rettangolo nella figura è formato da un quadrato e da un triangolo rettangolo isoscele. Sapendo che il triangolo ha l'area di 50 cm², qual è l'area del trapezio?

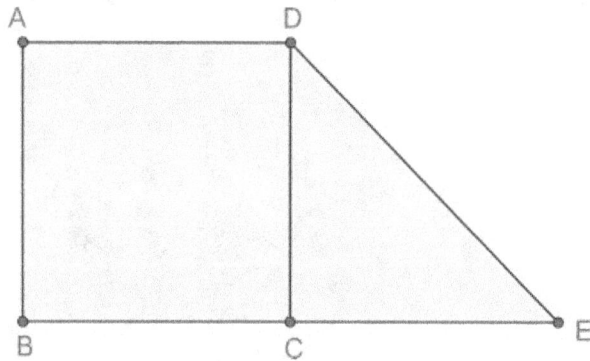

☐ A. 150 cm².

☐ B. 100 cm².

☐ C. 200 cm².

☐ D. Non si può calcolare perché non si conoscono le basi del trapezio.

PUNTEGGIO:

PROVA E

E24) Nel cassetto della cattedra ci sono alcuni gessetti: 20 sono bianchi, 6 sono rossi e 4 sono azzurri.

A) Quale grafico rappresenta correttamente la situazione descritta?

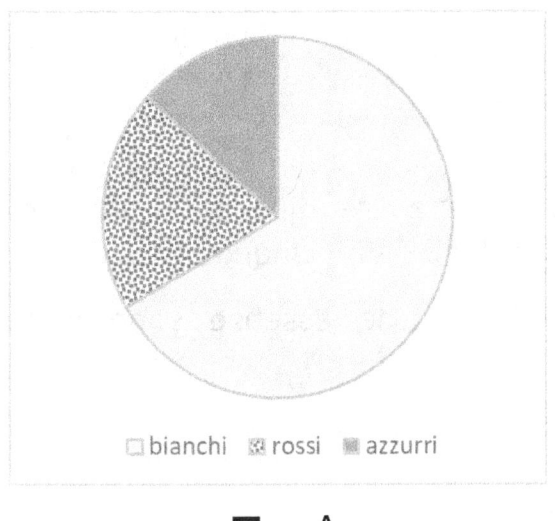

☐ A.

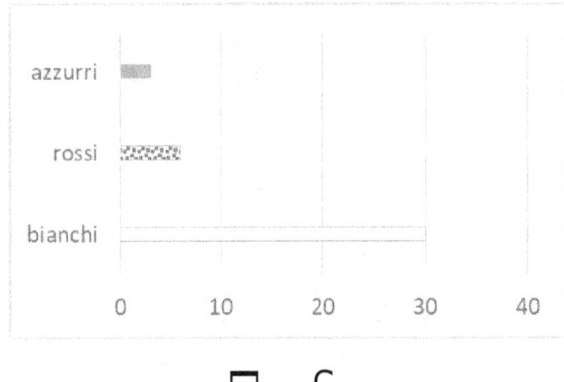

☐ C.

☐ B.

☐ D.

PROVA E

B) Quale è la probabilità, prendendo dal cassetto, a caso, senza guardare, un gessetto che esso sia rosso?

☐ A. 5%.

☐ B. 20%.

☐ C. 30%.

☐ D. 45%.

PUNTEGGIO:

E25) Un premio di € 1.800 viene suddiviso tra tre dipendenti in parti inversamente proporzionali alle assenze degli ultimi cinque anni.

A) Quanto spetta a ciascuno sapendo che le assenze sono state rispettivamente di 40 giorni, 60 giorni e 48 giorni?

☐ A. 720 €, 480 €, 600 €.

☐ B. 600 €, 600 €, 600 €.

☐ C. 486 €, 584 €, 730 €.

☐ D. 1.440 €, 330 €, 30 €.

B) Spiega il ragionamento e i passaggi compiuti per giungere al risultato

_____

_____

_____

_____

PUNTEGGIO:

PROVA E

E26) Quali tra queste costituisce una terna pitagorica?

☐ A. 3; 5; 6.

☐ B. 7; 24; 25.

☐ C. 9; 40; 42.

☐ D. 10; 20; 30.

PUNTEGGIO:

E27) Elisabetta è recentemente stata a Roma e ha visitato il Vaticano. Questa è la mappa che ha conservato dopo la sua visita:

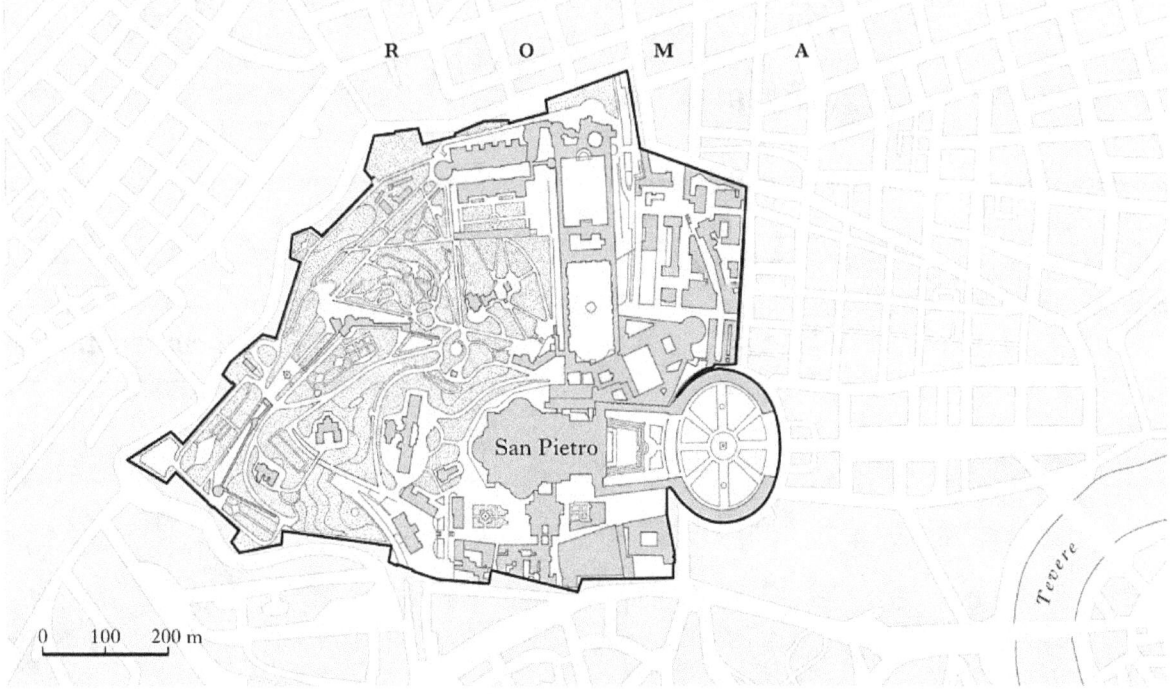

A) Quanto è all'incirca la lunghezza complessiva della basilica di San Pietro?

☐ A. 100 metri.

☐ B. 200 metri.

☐ C. 350 metri.

☐ D. 500 metri.

B) Uscendo dal Vaticano Elisabetta si è diretta verso il Tevere: quanta strada ha compiuto, all'incirca?

☐ A. 250 metri.

☐ B. 500 metri.

☐ C. 750 metri.

☐ D. 1000 metri.

PUNTEGGIO:

E28) Indica se ciascuna delle seguenti relazioni è vera o falsa.

Relazione	V	F
$\sqrt{50} < 7$		
$\sqrt{70} > 8$		
$\sqrt{3^4} = 9$		
$\sqrt{5^2 \cdot 3^2} = 15$		
$\sqrt{2^3} > 2^2$		

PUNTEGGIO:

PROVA E

HAI TERMINATO LA PROVA!

SE HAI ANCORA DEL TEMPO, RILEGGI E RIGUARDA I QUESITI...

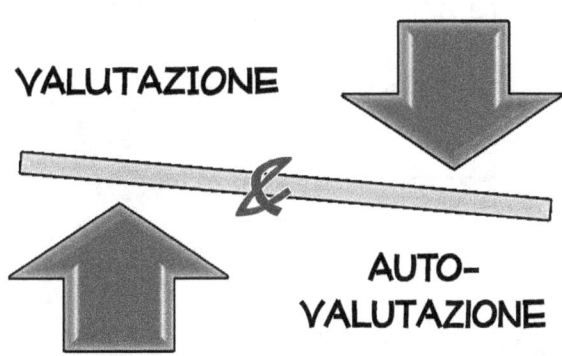

Da compilare <u>prima</u> della correzione e della valutazione!

AUTOVALUTAZIONE

Gli esercizi della prova erano:

- ☐ semplici;
- ☐ della giusta difficoltà;
- ☐ impegnativi;
- ☐ difficili.

Ho trovato maggiori difficoltà (anche più risposte):

- ☐ nella comprensione del testo;
- ☐ nell'esecuzione dei calcoli;
- ☐ nel sapere che formule/regole usare;
- ☐ nel tempo a disposizione.

PROVA E

Credo di aver fatto meglio gli esercizi (anche più risposte):

☐ di calcolo numerico;
☐ di geometria;
☐ di logica e intuizione;
☐ relativi a grafici, tabelle ed equivalenze.

Ho trovato particolarmente belli e/o originali e/o divertenti gli esercizi:

_____

_____

* * *

VALUTAZIONE 1:

VALUTAZIONE 2:

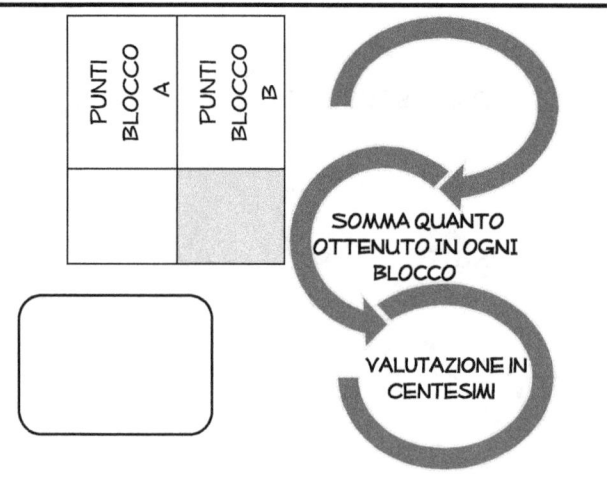

BLOCCO A	CONVERSIONE
0 0 1	0
DA 2 A 6	20
DA 7 A 10	30
DA 11 A 14	40
DA 15 A 18	50
DA 19 A 21	60
BLOCCO B	CONVERSIONE
0	0
DA 1 A 3	5
DA 4 A 6	10
DA 7 A 9	20
DA 10 A 12	30
DA 13 A 15	40

PROVA E

VALUTAZIONE 3: COMPETENZE

NUCLEO TEMATICO	QUESITI AFFERENTI	PUNTI TOTALIZZATI	LIVELLO RAGGIUNTO
NUMERI	E2, E3, E9, E11, E15, E21, E26, E28.	/8	
SPAZIO & FIGURE	E5, E12, E13, E16, E17, E19, E23, E27.	/10	
RELAZIONI & FUNZIONI	E4, E6, E8, E10, E18, E20, E25.	/9	
MISURE, DATI & PREVISIONI	E1, E7, E14, E22, E24.	/9	

Livelli: iniziale, base, intermedio, avanzato.

PROVA F

TEMPO A DISPOSIZIONE: 75 MINUTI   ITEMS: 36

F1) Per andare da casa di Carlo a quella di Luigi si possono fare i due percorsi indicati nella figura.

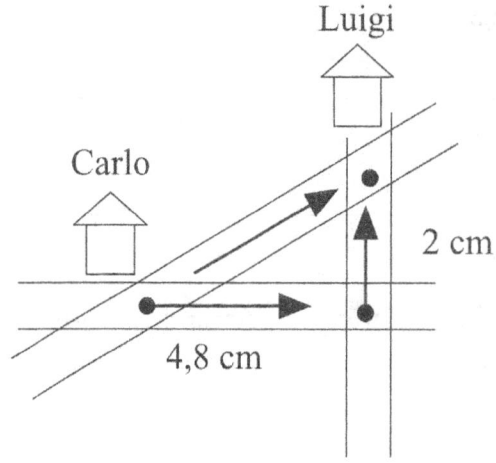

A) Sapendo che il percorso più breve nella realtà è lungo 1300 metri, in quale scala è stato realizzato il disegno?

☐ A. 1 : 200

☐ B. 1 : 100

☐ C. 1 : 2500

☐ D. 1 : 25000

⊗ Si consiglia di svolgerla nel 2° Quadrimestre.

B) Riporta i calcoli e i passaggi da te compiuti per giungere al risultato.

PUNTEGGIO:

F2) Mara nota che il numero 2000 si scompone in fattori primi nel seguente modo:

$$2000 = 2^4 \cdot 5^3$$

Quale di queste considerazioni può trarre correttamente Mara?

- ☐ A. 2000 è il cubo di un numero naturale.
- ☐ B. 2000 è un quadrato perfetto.
- ☐ C. 2000 non è né un cubo né un quadrato perfetto.
- ☐ D. 2000 è un numero primo.

PUNTEGGIO:

F3) Qual è la relazione matematica che lega lo spazio percorso (y) di un treno che viaggia a 200 km/h e il tempo (x) impiegato a percorrere tale tragitto?

- ☐ A. $y = 200\,x$
- ☐ B. $y = \dfrac{200}{x}$
- ☐ C. $\dfrac{x}{y} = 200$
- ☐ D. $\dfrac{y}{x} = 100$

PUNTEGGIO:

F4) Il grafico qui sotto rappresenta gli ingressi registrati al Centro Benessere durante una settimana.

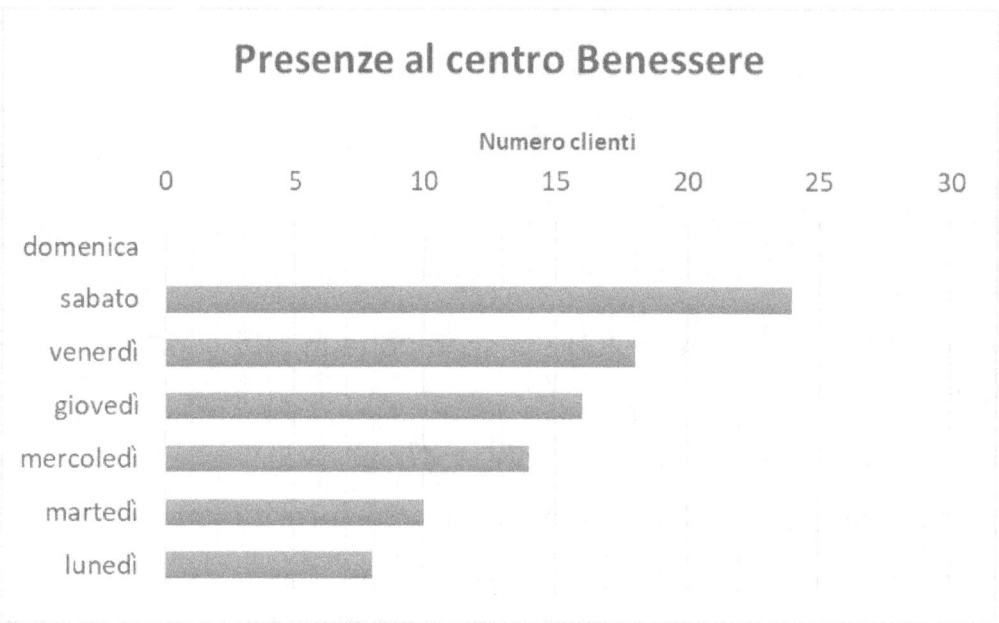

A) Quale è la sola affermazione corretta tra le seguenti?

☐ A. Lunedì è il giorno di chiusura.

☐ B. Il giorno in cui ci sono stati meno clienti è il martedì.

☐ C. Da giovedì a sabato si sono registrati più della metà degli ingressi dell'intera settimana.

☐ D. Il giovedì ci sono stati più clienti del venerdì.

B) Qual è stata la media degli ingressi giornalieri sull'intera settimana?

Risposta: _____

PROVA F

F5) In un triangolo la misura di due lati è di 60 cm e 75 cm. La misura del terzo lato è uguale alla misura del secondo diminuita di 3 dm.

Qual è il perimetro del triangolo?

- ☐ A. 240 dm.
- ☐ B. 207 cm.
- ☐ C. 180 cm.
- ☐ D. non è possibile calcolarlo.

PUNTEGGIO:

F6) In quale sequenza i numeri sono correttamente ordinati in ordine crescente?

- ☐ A. $\frac{40}{100}$; 0,20; 0,$\bar{3}$; $\frac{1}{2}$.
- ☐ B. 0,20; 0,$\bar{3}$; $\frac{40}{100}$; $\frac{1}{2}$.
- ☐ C. 0,20; $\frac{40}{100}$; 0,$\bar{3}$; $\frac{1}{2}$.
- ☐ D. $\frac{1}{2}$; $\frac{40}{100}$; 0,$\bar{3}$; 0,20.

PUNTEGGIO:

F7) Quale delle seguenti figure non possiede assi di simmetria?

- ☐ A. Triangolo isoscele.
- ☐ B. Rombo.
- ☐ C. Trapezio isoscele.
- ☐ D. Parallelogramma.

PUNTEGGIO:

PROVA F

F8) Giacomo va con suo fratello Sebastian a vedere un film al cinema. L'inizio è alle ore 18:45 e il film ha una durata di 1 ora e 45 minuti, con un intervallo di 5 minuti e 20 minuti di pubblicità iniziale.

A) A che ora escono dalla sala Giacomo e Sebastian?

Risposta: _____

B) Uscendo di sala i due ragazzi ricevono un coupon che dice:

Tornate al cinema entro fine mese!
Se siete in 4, pagate solo in 3!

Giacomo e Sebastian sono molto felici, perché così potranno tornare con anche il fratello e la sorella più piccoli. Se questa volta la spesa totale è stata di 11 euro, quanto pagheranno, tutti insieme, i 4 ragazzi?

☐ A. 22 euro.
☐ B. 33 euro.
☐ C. 11 euro.
☐ D. 16,50 euro.

PUNTEGGIO:

F9) Sul sito della Banca d'Italia è possibile consultare i tassi di cambio delle vecchie monete nazionali confluite nell'Euro. Ecco come appare:

PROVA F

BANCA D'ITALIA
EUROSISTEMA

TASSI DI CONVERSIONE

Unità monetarie per euro

Dal 1° gennaio 1999

Stato	Moneta(sigla)	Tasso di conversione	Nome della moneta
BELGIO	(BEF)	40,3399	franco belga
GERMANIA	(DEM)	1,95583	marco tedesco
SPAGNA	(ESP)	166,386	peseta spagnola
FRANCIA	(FRF)	6,55957	franco francese
IRLANDA	(IEP)	0,787564	lira irlandese
ITALIA	(ITL)	1936,27	lira italiana
LUSSEMBURGO	(LUF)	40,3399	franco lussemburghese
PAESI BASSI	(NLG)	2,20371	fiorino olandese
AUSTRIA	(ATS)	13,7603	scellino austriaco
PORTOGALLO	(PTE)	200,482	scudo portoghese
FINLANDIA	(FIM)	5,94573	marco finlandese

A quanti euro grosso modo corrispondevano 100 scudi portoghesi?

☐ A. 2 euro.

☐ B. 50 centesimi.

☐ C. 20.000 euro.

☐ D. 200 euro

PUNTEGGIO:

F10) Il volume del bagagliaio della nuova auto del papà di Tommaso e Bernardo è di 1270 dm³. Tommaso è soddisfatto, ha già fatto il conto e ha visto che finalmente potrà portare più di 3 valigie! Quante valigie da 0,25 m³ può contenere il nuovo bagagliaio?

Risposta: _____

PUNTEGGIO:

PROVA F

F11) Spostando due triangoli, trasforma il rettangolo in un trapezio isoscele.

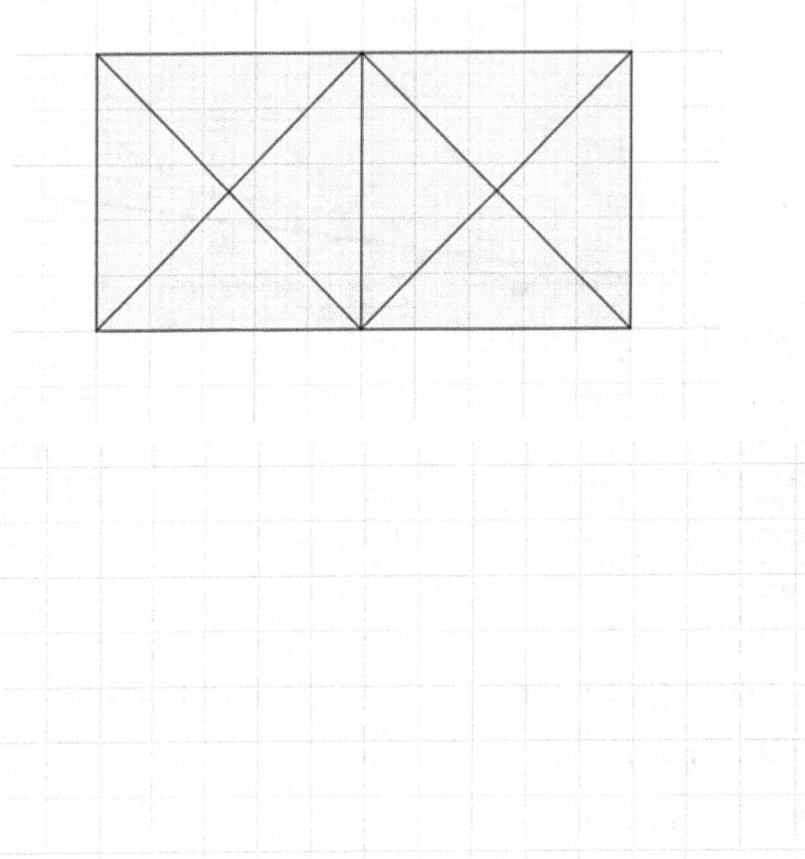

PUNTEGGIO:

F12) Completa col numero mancante!

$$1,20 : \underline{} = 12$$

PUNTEGGIO:

PROVA F

F13) In quale rapporto di valore sono 3 monete da 2 euro e 2 banconote da 5 euro?

☐ A. $\frac{3}{5}$

☐ B. $\frac{3}{10}$

☐ C. $\frac{6}{15}$

☐ D. $\frac{3}{15}$

PUNTEGGIO:

F14) Zoe osserva il fratello Milo che gioca con l'aquilone. Zoe sa che la corda dell'aquilone è lunga 20 metri e misura la distanza che separa Milo dal palo della luce, proprio quando l'aquilone è sopra di esso.

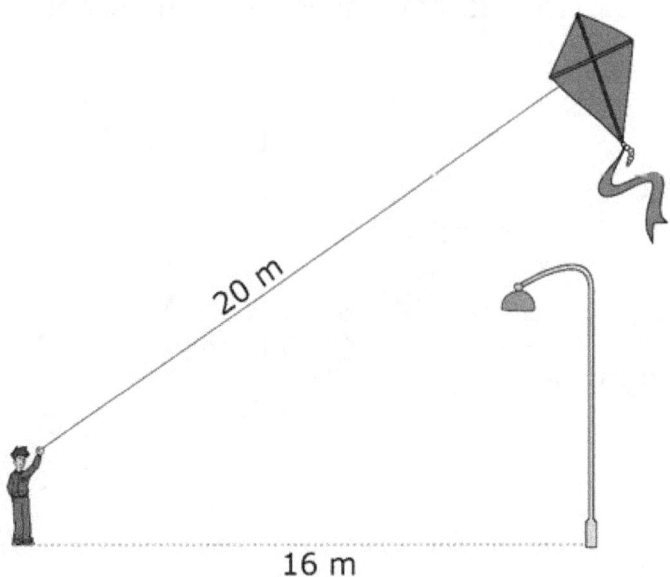

A che altezza da terra si trova l'aquilone di Milo?

Risposta: _____ metri.

PUNTEGGIO:

PROVA F

F15) In tre prove dei Giochi Logici Mattia ha ottenuto questi tre punteggi:

78; 76; 74.

Sua sorella Selvaggia, invece, ha ottenuto:

72; 82; 74.

Come risulta il punteggio medio di Mattia rispetto a quello di Selvaggia?

☐ A. È più alto di 1 punto.

☐ B. È più basso di 1 punto.

☐ C. È identico.

☐ D. È più alto di 2 punti.

PUNTEGGIO:

F16) Una lampadina è posizionata 25 cm a sinistra di un cartoncino il quale, a sua volta, è posto a 25 cm a sinistra di uno schermo di cartone:

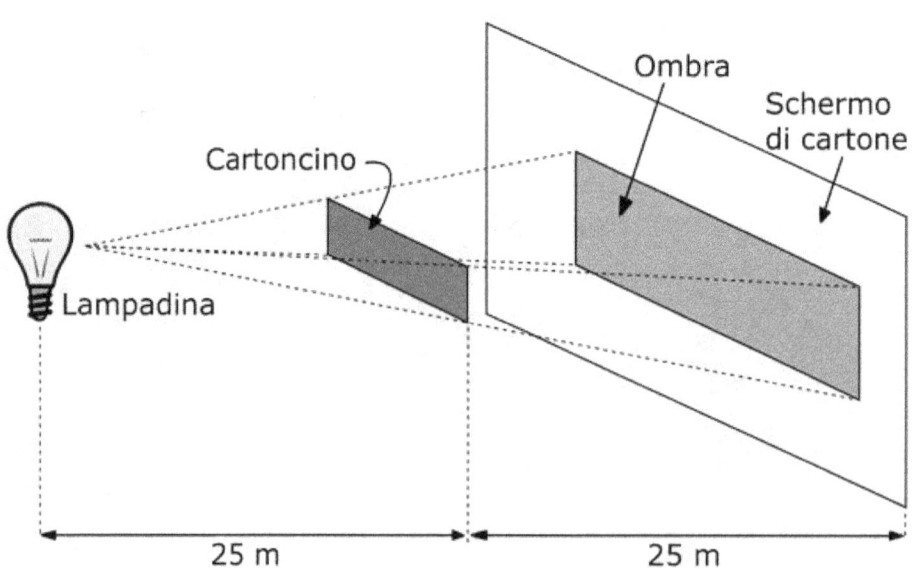

Nella situazione prima descritta l'ombra del cartoncino ha forma rettangolare, con il lato maggiore lungo 20 cm.

PROVA F

A) Se lo schermo di cartone viene spostato 50 cm più lontano verso destra (complessivamente 1 metro dalla lampadina), quanto misurerà ora il lato più lungo dell'ombra del cartoncino?

- ☐ A. 10 cm.
- ☐ B. 20 cm.
- ☐ C. 30 cm.
- ☐ D. 40 cm.

B) Giustifica la risposta con i calcoli o il ragionamento da te fatti:

_____

_____

_____

PUNTEGGIO:

F17) Federica non può crederci! Ha appena scoperto che la quota mensile del corso di danza che frequenta è aumentata da 175 a 225 euro!
Quale espressione deve usare Federica per calcolare di quanto è stato l'aumento in percentuale?

- ☐ A. $\frac{225}{100}$
- ☐ B. $\frac{225-175}{175} \cdot 100$
- ☐ C. $\frac{225-175}{225} \cdot 100$
- ☐ D. $(225 - 175) \cdot 100$

PUNTEGGIO:

PROVA F

F18) Partendo dal quadrato ABCD, quale figura si ottiene con una rotazione oraria di 90° e di centro O?

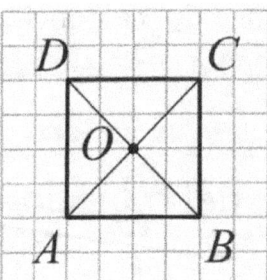

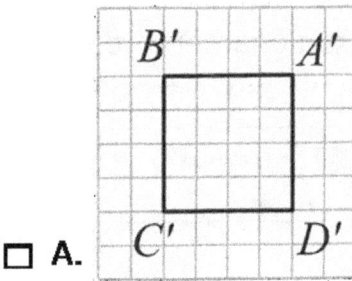
☐ A.

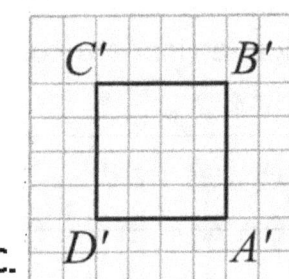
☐ C.

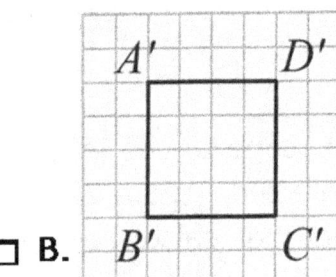
☐ B.

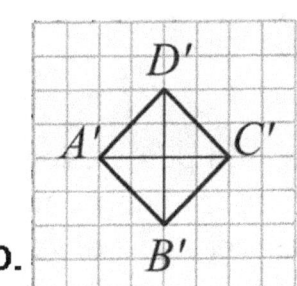
☐ D.

PUNTEGGIO:

F19) Quanto valgono le seguenti due radici?

$$a: \sqrt{0{,}64} \quad b: \sqrt[3]{0{,}064}$$

☐ A. entrambe 0,8.

☐ B. la prima 0,8 e la seconda 0,4.

☐ C. la prima 0,08 e la seconda 0,04.

☐ D. la prima 0,32 e la seconda 0,016.

PUNTEGGIO:

PROVA F

F20) Maria Stella e Maria Vittoria amano le costruzioni con i lego. Oggi Maria Stella ha portato 300 mattoncini, tutti uguali, delle dimensioni di 25 mm x 4 mm. Maria Vittoria possiede 4 piattaforme: quali di esse potrebbe interamente ricoprire con i mattoncini dell'amica?

- ☐ A. Quella da 2,8 dm².
- ☐ B. Quella da 3,2 dm².
- ☐ C. Quella da 4 dm².
- ☐ D. Quella da 5 dm².

PUNTEGGIO:

F21) Flavia sfida Rebecca: *Ci scommetto che non sai dirmi questi fiammiferi ci saranno nella decima figura di questa sequenza logica!*

Quale risposta deve dare Rebecca per vincere la sfida di Flavia?

Risposta: _____ fiammiferi.

PUNTEGGIO:

F22) Se x è un numero compreso tra 6 e 9, allora il numero (x+5) fra quali numeri è compreso?

- ☐ A. 1 e 4.
- ☐ B. 10 e 13.
- ☐ C. 11 e 14.
- ☐ D. 30 e 45.

PUNTEGGIO:

PROVA F

F23) In una grande libreria gli impiegati sono così suddivisi:

mansione	Numero di impiegati
Magazzinieri	?
Cassieri	4
Venditori	8
Contabili	2

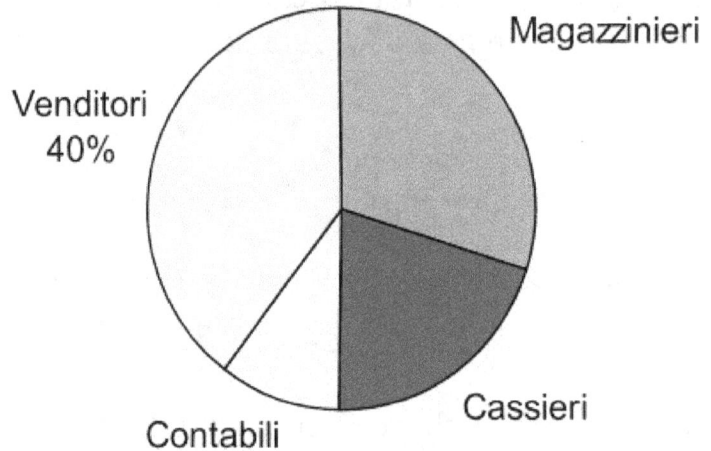

Qual è il numero dei magazzinieri?

Risposta: _____

PUNTEGGIO:

PROVA F

F24) Per fotografare un campanile Nicolò si posiziona a una distanza di 9 metri dalla base e con un'inclinazione di 60°.

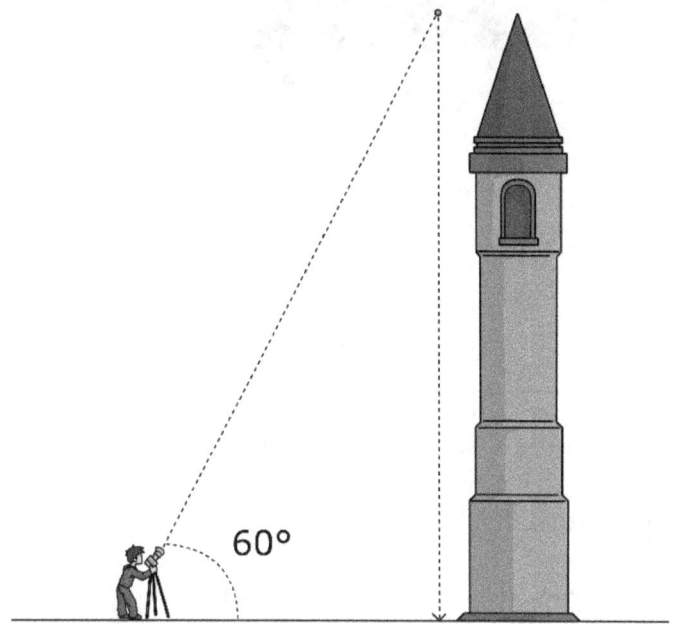

Qual è la formula che permetterà a Nicolò di fare una corretta stima dell'altezza in metri del campanile?

- ☐ A. $9 \cdot 2$
- ☐ B. $18 \cdot \frac{\sqrt{3}}{2}$
- ☐ C. $18 \cdot \frac{2}{\sqrt{3}}$
- ☐ D. $9 \cdot \frac{\sqrt{3}}{2}$

PUNTEGGIO:

PROVA F

F25) In questa tabella riguardanti due grandezze x e y tra loro in relazione costante, manca un dato.

x	y
2	3
3	$\frac{9}{2}$
4	6
	9

PUNTEGGIO:

A) Completa la tabella con il dato mancante.

B) Di che proporzionalità si tratta?

☐ Proporzionalità diretta, in quanto _____

_____

☐ Proporzionalità inversa, in quanto _____

_____

☐ Altro tipo di proporzionalità, in quanto _____

_____

F26) Una macchia ha coperto la seguente uguaglianza:

18 : 3 = 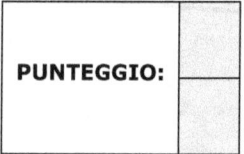 : 0,3

PROVA F

Quale valore c'era sotto la macchia?

☐ A. 1,8

☐ B. 18

☐ C. 180

☐ D. 1800

PUNTEGGIO:

F27) Considera questo insieme di dati:

| 15 | 15 | 25 | 25 | 30 | 35 | 35 | 35 |

A) Qual è la moda della distribuzione?

☐ A. 3

☐ B. 15

☐ C. 25

☐ D. 35

B) Qual è la mediana della distribuzione?

☐ A. 15

☐ B. 25

☐ C. 27,5

☐ D. 35

C) Estraendo a caso uno di questi numeri, qual è la probabilità che sia 25?

☐ A. 12,5%

☐ B. 25%

☐ C. 40%

☐ D. 50%

PUNTEGGIO:

PROVA F

F28) Nelle carte geografiche si usano dei simboli per rappresentare gli elementi del territorio. Eccone alcuni:

A) In quali caselle della quadrettatura è segnalata la presenza di un campeggio?

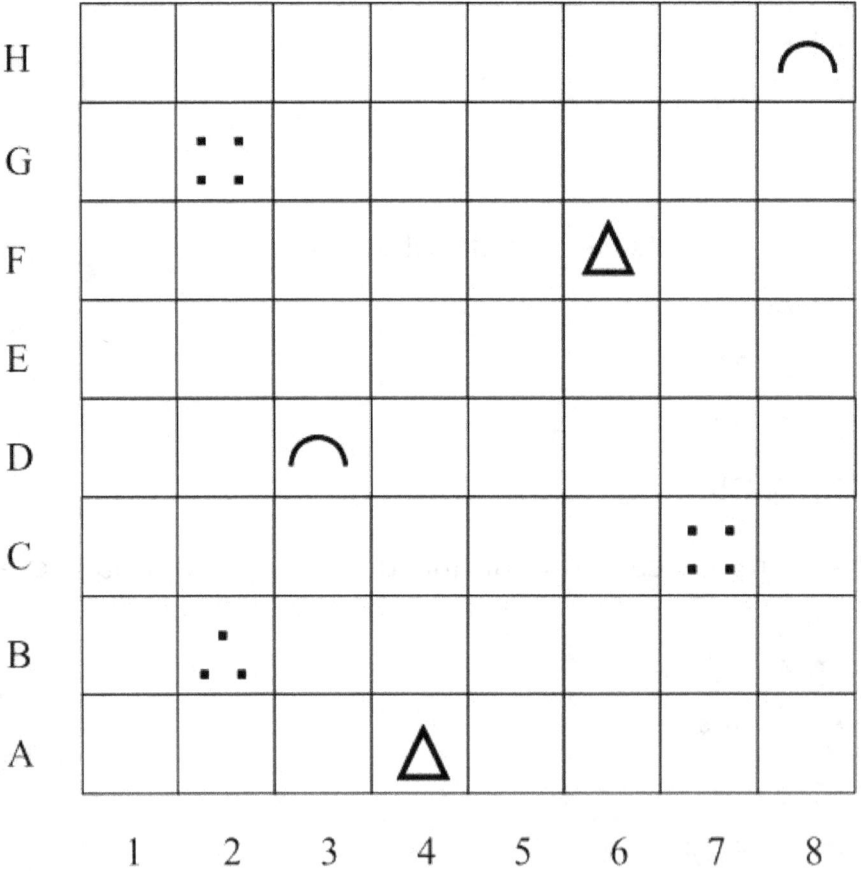

PROVA F

☐ A. 2G e 7C.

☐ B. 2E e 4A.

☐ C. 6F e 3D.

☐ D. 6F e 4A.

B) Cosa significa se la scala della mappa è 1:50.000?

☐ A. Che 1 cm corrisponde a ½ km.

☐ B. Che 1 cm corrisponde a 50 km.

☐ C. Che 1 cm corrisponde a 50.000 m.

☐ D. Che 1 cm corrisponde a 50 m.

PUNTEGGIO:

PROVA F

HAI TERMINATO LA PROVA!

SE HAI ANCORA DEL TEMPO, RILEGGI E RIGUARDA I QUESITI...

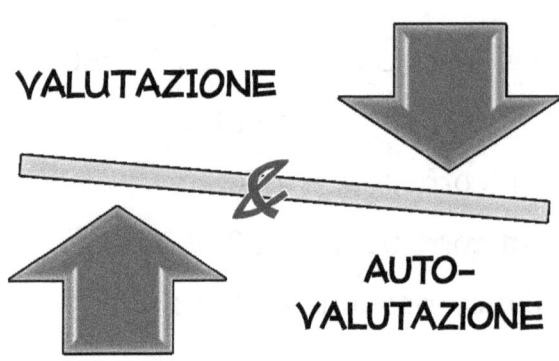

Da compilare *prima* della correzione e della valutazione!

AUTOVALUTAZIONE

Gli esercizi della prova erano:

☐ semplici;   ☐ della giusta difficoltà;

☐ impegnativi;   ☐ difficili.

Ho trovato maggiori difficoltà (anche più risposte):

☐ nella comprensione del testo;
☐ nell'esecuzione dei calcoli;
☐ nel sapere che formule/regole usare;
☐ nel tempo a disposizione.

PROVA F

Credo di aver fatto meglio gli esercizi (anche più risposte):

☐ di calcolo numerico;
☐ di geometria;
☐ di logica e intuizione;
☐ relativi a grafici, tabelle ed equivalenze.

Ho trovato particolarmente belli e/o originali e/o divertenti gli esercizi:

_____

_____

* * *

VALUTAZIONE 1:

VALUTAZIONE 2:

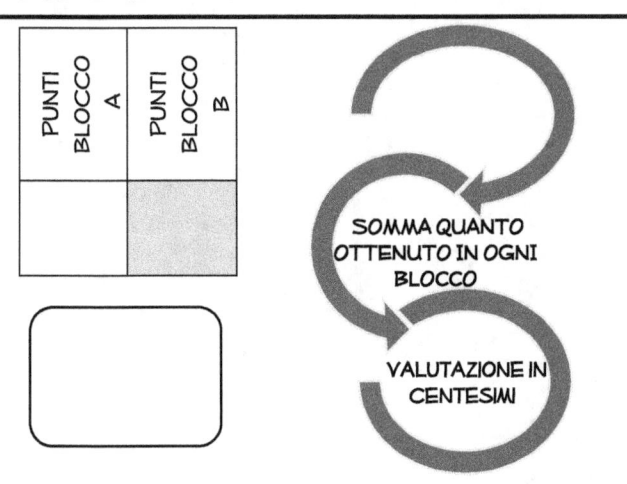

BLOCCO A	CONVERSIONE
0 0 1	0
DA 2 A 6	20
DA 7 A 10	30
DA 11 A 14	40
DA 15 A 18	50
DA 19 A 21	60
BLOCCO B	CONVERSIONE
0	0
DA 1 A 3	5
DA 4 A 6	10
DA 7 A 9	20
DA 10 A 12	30
DA 13 A 15	40

PROVA F

VALUTAZIONE 3: COMPETENZE

NUCLEO TEMATICO	QUESITI AFFERENTI	PUNTI TOTALIZZATI	LIVELLO RAGGIUNTO
NUMERI	F2, F6, F12, F19, F22, F26.	/6	
SPAZIO & FIGURE	F1, F5, F7, F11, F14, F16, F18, F24.	/10	
RELAZIONI & FUNZIONI	F3, F9, F13, F17, F21, F25, F28.	/9	
MISURE, DATI & PREVISIONI	F4, F8, F10, F15, F20, F23, F27.	/11	

Livelli: iniziale, base, intermedio, avanzato.

PROVA X

7 TRA I QUESITI PIÙ DIFFICILI DELLE PROVE INVALSI

TEMPO A DISPOSIZIONE: ??? MINUTI ⊕ ITEMS: 10

X1) In ottobre un maglione costa 100 euro. Prima di Natale il suo prezzo è aumentato del 20%. Nel mese di gennaio, con i saldi, il costo del maglione si è ribassato del 10% rispetto al prezzo natalizio. Quale affermazione è vera?

☐ A. Il maglione in gennaio ha un costo pari a quello di ottobre.

☐ B. Il maglione in gennaio ha un costo maggiore rispetto a quello di ottobre dell'8%.

☐ C. Il maglione in gennaio ha un costo inferiore rispetto a quello di ottobre del 10%.

☐ D. Il maglione da ottobre a gennaio ha subito un rincaro del 10%.

[Dalla prova INVALSI 2008 – Classe Terza Secondaria di Primo Grado – Ambito: *Numeri* – Percentuale nazionale di risposte giuste: 15,1%]

⊕ Trattandosi di quesiti difficili il tempo a disposizione non è facilmente quantificabile a priori, potrebbe essere esso stesso oggetto di discussione in classe, avendo lasciato la prova "senza tempo" oppure con un tempo che è determinato dagli alunni stessi (ad esempio quando metà classe dichiara di aver ultimato la prova l'insegnante lascia ancora 5 minuti al resto della classe per concluderla).

X2) In figura è rappresentato il rettangolo ABCD con le sue diagonali.

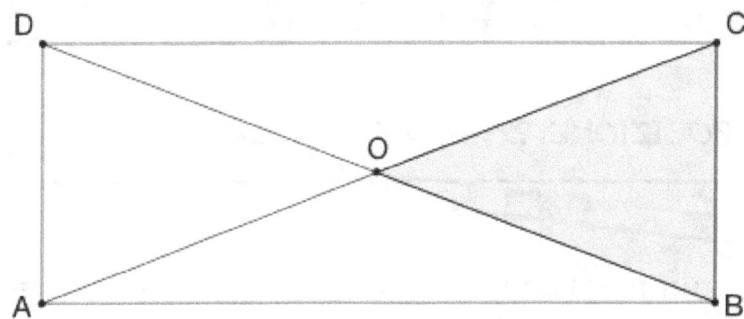

Se conosci l'area del rettangolo, puoi calcolare l'area del triangolo in grigio?

☐ A. No, perché i quattro triangoli di vertice O non sono tutti uguali fra loro.

☐ B. No, perché non conosco le dimensioni del rettangolo

☐ C. Sì, perché i quattro triangoli di vertice O sono equivalenti.

☐ D. Sì, perché i quattro triangoli di vertice O sono isosceli.

[Dalla prova INVALSI 2012 – Classe Terza Secondaria di Primo Grado – Ambito: *Spazio e Figure* – Percentuale nazionale di risposte giuste: 24,1%]

PROVA X

X3) Marco vuole preparare una torta al cioccolato per il suo compleanno. La ricetta dice che occorrono 600 g di cioccolato. Al supermercato vendono tavolette di cioccolata da 250 g l'una.

A) Qual è il numero minimo di tavolette di cioccolata che Marco deve comprare?

Risposta: _____.

B) Se ogni tavoletta è formata da 10 quadretti, quanti quadretti di cioccolata servono a Marco per preparare la torta?

Risposta: _____.

C) Scrivi come hai fatto per trovare la risposta.

_____

_____

_____

[Dalla prova INVALSI 2012 – Classe Prima Secondaria di Primo Grado – Ambito: *Relazioni & funzioni* – Percentuale nazionale di risposte giuste: A: 58,6% B: 18,7% C: 13,5%]

X4) Osserva il seguente grafico, relativo alla produzione annuale di scarpe di una fabbrica.

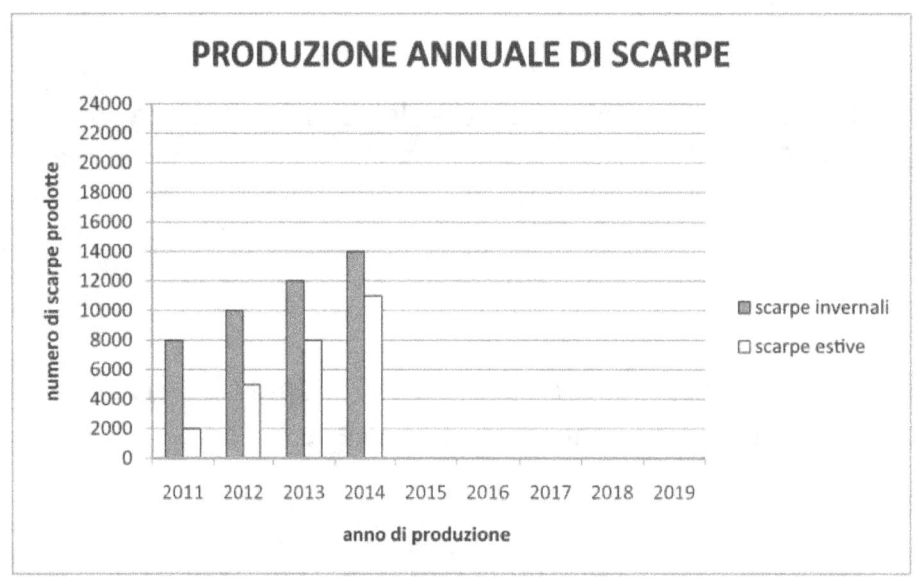

In quale anno il numero di scarpe estive prodotte sarà uguale a quello delle scarpe invernali se la produzione continua con lo stesso andamento?

☐ A. 2015

☐ B. 2016

☐ C. 2017

☐ D. 2018

[Dalla prova INVALSI 2015 – Classe Terza Secondaria di Primo Grado – Ambito: *Dati & Previsioni* – Percentuale nazionale di risposte giuste: 12,5%]

X5) In figura è rappresentato il quadrilatero EFGH i cui vertici sono sui lati del rettangolo ABCD. Le dimensioni del rettangolo sono 4 m e 6 m.

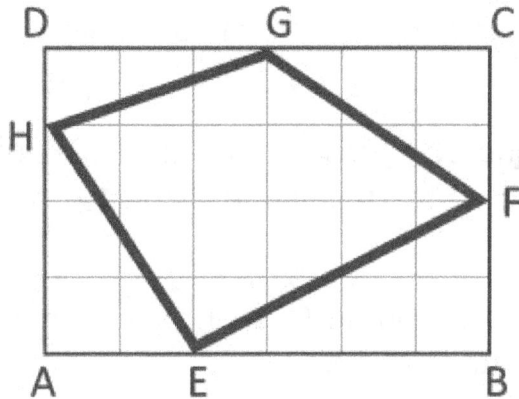

Quanto misura l'area del quadrilatero EFGH?

☐ A. 11 m²

☐ B. 11,5 m²

☐ C. 12 m²

☐ D. 12,5 m²

[Dalla prova INVALSI 2012 – Classe Prima Secondaria di Primo Grado – Ambito: *Spazio e Figure* – Percentuale nazionale di risposte giuste: 14,1%]

PROVA X

X6) Elisa ha trovato lavoro in una città distante 50 km dal paese dove abita. Deve decidere tra due soluzioni:

– Soluzione A: trasferirsi nella città dove lavora pagando un affitto di 200 euro al mese;

– Soluzione B: andare e tornare ogni giorno in auto per 22 giorni al mese. L'automobile di Elisa fa 10 chilometri con 1 euro di benzina.

Quale delle due soluzioni le fa spendere di meno? Scegli una delle due risposte e completa la frase.

☐ La soluzione A, perché _____

_____

_____

☐ La soluzione B, perché _____

_____

_____

[Dalla prova INVALSI 2012 – Classe Prima Sec. di Primo Grado – Ambito: *Relazioni & funzioni* – Percentuale nazionale di risposte giuste: 16,5%]

PROVA X

X7) Di seguito è riportato lo schema della parte posteriore di una mensola con le misure. Affinché la mensola sostenga il peso dei libri è necessario mettere una sbarretta d'acciaio che colleghi il punto A con il punto B, come nello schema.

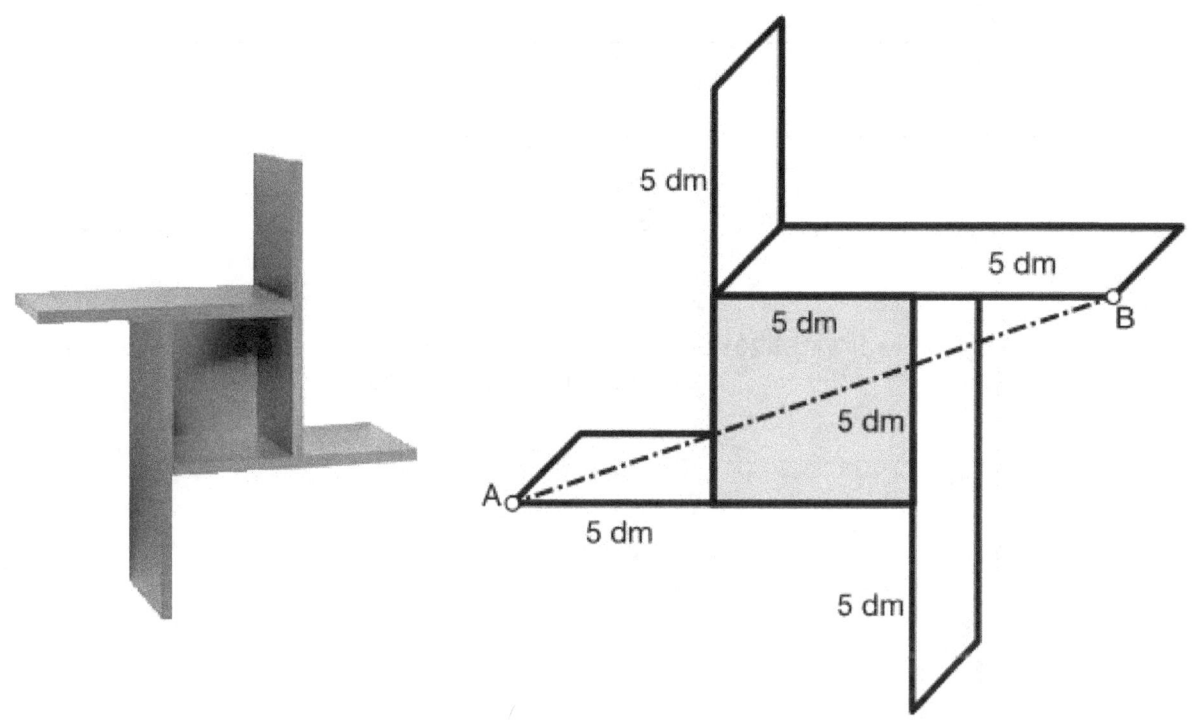

A) Quanto deve essere lunga la sbarretta?

☐ A. Circa 11 dm.

☐ B. Circa 16 dm.

☐ C. Circa 20 dm.

☐ D. Circa 25 dm.

PROVA X

B) Scrivi come hai fatto per trovare la risposta.

_____

_____

_____

_____

[Dalla prova INVALSI 2012 – Cl. Terza Sec. di Primo Grado – Ambito: *Spazio & Figure* – Percentuale nazionale di risposte giuste: A: 56,5% B: 26,4%]

PROVA X

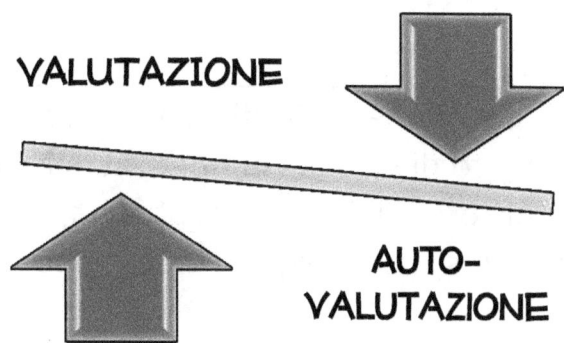

AUTOVALUTAZIONE

Gli esercizi della prova erano:

☐ semplici;   ☐ della giusta difficoltà;
☐ impegnativi;   ☐ difficili.

Penso di essere stato:

☐ in linea con le percentuali nazionali di successo (ossia basse);
☐ migliore delle percentuali nazionali di successo.

Credo di aver compreso perché questi quesiti sono risultati così ostici agli alunni che li hanno affrontati prima di me:

☐ no.   ☐ sì, in particolare secondo me perché:

Ho trovato maggiori difficoltà (anche più risposte):

☐ nella comprensione del testo;
☐ nell'esecuzione dei calcoli;
☐ nel sapere che formule/regole usare;
☐ nel tempo a disposizione.

Il quesito che non ho saputo fare, o che penso di aver sbagliato o che mi ha dato più difficoltà è (anche più risposte):

☐ X1;   ☐ X2;   ☐ X3;   ☐ X4;

☐ X5;   ☐ X6;   ☐ X7.

VALUTAZIONE

Per questi quesiti la valutazione è più di carattere qualitativo e dovrebbe essere legata ad un lavoro di classe (la nostra classe è stata in linea con le percentuali nazionali o è migliore?). Tuttavia, se vuoi attribuirti un giudizio su questi 10 items, puoi seguire questo schema:

INDICE

NON UNA PREFAZIONE, MA QUASI 5

PRIMA DI INIZIARE 7

CORREZIONE E VALUTAZIONE DELLE PROVE 8

PROVA ZERO: TEST DI ATTENZIONE 12

PROVA A 22

PROVA B 36

PROVA C 52

PROVA D 67

PROVA E 86

PROVA F 106

7 TRA I QUESITI PIÙ DIFFICILI DELLE PROVE INVALSI 127

DELLO STESSO AUTORE 138

DELLO STESSO AUTORE

COLLANA "MATEMATICA A SQUADRE"

- MATEMATICA A SQUADRE: 366 e più problemi delle gare di matematica a squadre per le scuole medie e il primo biennio
- Matematica a squadre: SPECIALE LOGICA
- Matematica a squadre: SPECIALE FISICA & ALGEBRA
- Matematica a squadre: SPECIALE ARITMETICA
- Matematica a squadre: SPECIALE GEOMETRIA
- Matematica a squadre: SPECIALE CONTEGGIO & STATISTICA
- Matematica a squadre: SPECIALE ELEMENTARI

COLLANA "MATEMATICA A QUIZ"

- Matematica a Quiz – vol. 1
- Matematica a Quiz – vol. 3

DI PROSSIMA PUBBLICAZIONE

- Matematica a squadre: I 10 PIÙ BEI QUESITI DELLE GARE A SQUADRE & GARE A TEMA

«Il successo non è mai definitivo,
il fallimento non è mai fatale;
è il coraggio di continuare che conta.»

Sir Winston Churchill.

«Nella vita non bisogna mai rassegnarsi,
arrendersi alla mediocrità, bensì uscire da quella zona grigia in cui tutto è
abitudine e rassegnazione passiva,
bisogna coltivare il coraggio di ribellarsi alla mediocrità.»

Rita Levi-Montalcini

NOTE, APPUNTI, CALCOLI

www.ingramcontent.com/pod-product-compliance
Lightning Source LLC
Chambersburg PA
CBHW080918170526
45158CB00008B/2150